Diese Mitteilungen setzen eine von Erich Regener begründete Reihe fort, deren Hefte am Ende dieser Arbeit genannt sind.

Bis Heft 19 wurden die Mitteilungen herausgegeben von J. Bartels und W. Dieminger. Von Heft 20 an zeichnen W. Dieminger, A. Ehmert und G. Pfotzer als Herausgeber.

Das Max-Planck-Institut für Aeronomie vereinigt zwei Institute, das Institut für Stratosphärenphysik und das Institut für Ionosphärenphysik.

Ein (S) oder (I) beim Titel deutet an, aus welchem Institut die Arbeit stammt.

Anschrift der beiden Institute:

3411 Lindau

STATISTISCHE FREQUENZANALYSE

VON

ERDMAGNETISCHEN PULSATIONEN

von

JOCHEN MÜNCH

ISBN 978-3-540-04269-3   ISBN 978-3-642-88250-0 (eBook)
DOI 10.1007/978-3-642-88250-0

Inhaltsverzeichnis

1. Allgemeine Vorbemerkungen .... Seite 5

2. Eine qualitative Beschreibung der Theorie von SIEBERT zur Deutung der breitenabhängigen Perioden erdmagnetischer Pulsationen 6

3. Die statistische Frequenzanalyse der Pulsationen vom pc-Typ 9
   - 3.1. Auswahl und Verarbeitung der Magnetogramme 9
   - 3.2. Ergebnisse der Auswertung 13

4. Harmonische Analyse von 10-Minuten-Intervallen der pc-Registrierungen 19

5. Vergleich der Beobachtungsergebnisse mit der Theorie von SIEBERT . 28

   Summary 31

6. Zusammenfassung 32

Anhang 1: Zusammenstellung einiger Formeln aus der Theorie von SIEBERT 33

Anhang 2: Zusammenstellung einiger Formeln zur statistischen Frequenzanalyse 37

Anhang 3: Zusammenstellung einiger Formeln zur harmonischen Analyse 42

Anhang 4: Die Näherungslösung der Differentialgleichung für die meridionale Plasmaschwingung 45

Anhang 5: Abbildungen von pc-Registrierungen und den zugehörigen quadratischen Spektren 51

Literaturverzeichnis 66

1. Allgemeine Vorbemerkungen

Die Pulsationen nehmen im Spektrum der erdmagnetischen Variationen den Periodenbereich von etwa 1 bis 500 Sekunden ein. Sie lassen sich nach ihrer Gesamtdauer und der zeitlichen Lage ihrer Häufigkeitsmaxima grob in zwei Klassen unterteilen. Die tagsüber auftretenden Pulsationen zeigen in Zeiten schwacher erdmagnetischer Aktivität einen regelmäßigen sinusförmigen Verlauf, der oft über Stunden anhalten kann. Sie werden pc's (von engl. continuous pulsations) genannt. Ihr Häufigkeitsmaximum liegt an allen Stationen kurz vor lokalem Mittag. Die nachts auftretenden Pulsationen zeigen dagegen meistens einen Wellenzug, der die Form einer gedämpften Schwingung besitzt und dessen Dauer selten 10 Minuten überschreitet. Sie werden pt's (von engl. pulsation trains) genannt. Ihr Häufigkeitsmaximum liegt kurz vor lokaler Mitternacht. Sie treten häufig zu Beginn einer Bay auf.

Eine andere als die hier angeführte Unterteilung der Pulsationen verwendet neben morphologischen Merkmalen auch eine Trennung in verschiedene Periodenbereiche [+]. Für die folgenden Untersuchungen wird jedoch stets die obige Klassifizierung nach pc's und pt's benutzt.

Beide Arten von Pulsationen können von anderen Störungen überlagert sein. Amplitude und Häufigkeit dieser Störungen nehmen sowohl mit wachsender magnetischer Unruhe als auch mit zunehmender geomagnetischer Breite zu. Die Pulsationsregistrierungen weisen daher in der Polarlichtzone nicht so regelmäßige Züge auf wie in mittleren Breiten.

Zur Registrierung der Pulsationen dienen im allgemeinen Apparate, deren Amplituden- und Phasenwiedergabe der Meßwerte frequenzabhängig ist. Ein direkter Vergleich der Registrierungen an verschiedenen Observatoerien ist deshalb nur bei identischen Registrieranlagen möglich. Vom Institut für Geophysik der Universität Göttingen wurden fünf Stationen auf einem Nord-Süd-Profil von Nordschweden bis Süddeutschland mit identischen Induktionsvariometern nach dem GRENETschen System in verbesserter Göttinger Bauart ausgerüstet. An diesen Stationen werden Pulsationen getrennt in den drei Komponenten H (magnetische Nordkomponente), D (magnetische Ostkomponente) und Z (Vertikalkomponente) photographisch registriert.

Das Verhalten der pc's an den fünf Stationen wurde von VOELKER [1965] bisher nur an sinusförmigen Einzelschwingungen in der H-Komponente untersucht. Bei der Auswahl solcher Einzelschwingungen ist ganz bewußt von subjektiven Kriterien Gebrauch gemacht worden. Ein etwaiger Einfluß dieser subjektiven Auswahlkriterien auf die Ergebnisse der Auswertung kann vermieden werden, wenn anstatt Einzelschwingungen längere Zeitintervalle aus den pc-Registrierungen untersucht werden und zwar mit Hilfe der statistischen Frequenzanalyse. Wird eine solche Analyse für gleichzeitige Registrierungen der H- und der D-Komponente der pc's an mehreren Stationen durchgeführt, so lassen sich Aussagen gewinnen über die vorherrschenden Perioden und Amplituden der pc's in beiden Komponenten sowie über deren Abhängigkeit von der geomagnetischen Breite. Außerdem werden die Perioden der regelmäßigen pc's auch dann erfaßt, wenn den Pulsationen noch andere unregelmäßige Störungen überlagert sind.

Nicht berücksichtigt werden bei den folgenden Betrachtungen pc's mit kürzeren Perioden als 20 sec. Desgleichen soll nicht auf jene an allen fünf Stationen gleichzeitig auftretenden pc's eingegangen werden, deren Perioden von etwa 60 sec nicht breitenabhängig sind (vgl. ZÜRN [1966]). Somit soll im folgenden gerade das Verhalten jener Pulsationen untersucht werden, die normalerweise am Tage auftreten.

Eine Theorie, welche die Breitenabhängigkeit der Perioden der pc's erklärt, wurde von SIEBERT [1965] angegeben. Die Ergebnisse stehen im Einklang mit den Beobachtungen von VOELKER [1963] für die H-Komponente der pc's. Eine Auswertung gleichzeitiger Registrierungen beider Horizontalkomponenten der pc's kann zur weiteren Prüfung dieser Theorie dienen.

[+] Vorschlag bei der Generalversammlung der Internationalen Union für Geodäsie und Geophysik in Berkeley 1963.

2. Eine qualitative Beschreibung der Theorie von SIEBERT zur Deutung der breitenabhängigen Perioden erdmagnetischer Pulsationen.

Pulsationen mit breitenabhängigen Perioden in der H-Komponente sind zuerst von VOELKER [1963] für die Stationen Wingst, Göttingen und Fürstenfeldbruck nachgewiesen worden. (Tab. 1, S. 10, gibt die geographischen und geomagnetischen Koordinaten der Stationen an sowie die für die Stationsnamen im folgenden benutzten Abkürzungen). Bei einer weiteren Untersuchung wurden von VOELKER [1965] die Pulsationsregistrierungen der Observatorien Kiruna, Enköping, Wingst und Göttingen folgendermaßen statistisch ausgewertet: Für jede Viertelstunde der Monate Juni bis September 1963 wurde an jeder Station die vorherrschende Pulsationsperiode in der H-Komponente bestimmt. Die Abb. 1 zeigt die Häufigkeitsverteilungen dieser Perioden für magnetisch schwach gestörte Zeiten (erdmagnetische planetarische Kennziffer Kp 2- bis 3+).

Im Zeitintervall von 2 - 4 Uhr Weltzeit (UT) zeigen die pc's an allen Stationen etwa die gleichen Perioden. Gegen Mittag hin sind jedoch die Maxima in den Häufigkeitsverteilungen an den einzelnen Stationen verschiedenen Periodenintervallen zugeordnet: Sie liegen in Göttingen bei etwa 35 sec, in Wingst bei 40 sec, in Enköping bei 25 und 70 sec und in Kiruna bei 35 sec. VOELKER [1965] fand außerdem, daß die Amplitude der H-Komponente der pc's an den Stationen Wingst, Göttingen und Fürstenfeldbruck gegen Mittag zwei- bis viermal größer ist als diejenige der D-Komponente.

Bei der Formulierung der Theorie der erdmagnetischen Pulsationen mit breitenabhängigen Perioden geht SIEBERT [1965] im wesentlichen von diesen beiden Beobachtungsergebnissen aus. Im folgenden soll eine kurze qualitative Beschreibung dieser Theorie gegeben werden. Einige Formeln zur quantitativen Behandlung werden im Anhang 1. angeführt. Als Ursache der Pulsationen mit breitenabhängigen Perioden werden stehende hydromagnetische Wellen längs der Feldlinie des erdmagnetischen Feldes angenommen. Eine mögliche Anregung dieser Wellen kann durch den auf die Magnetosphäre auftreffenden solaren Wind

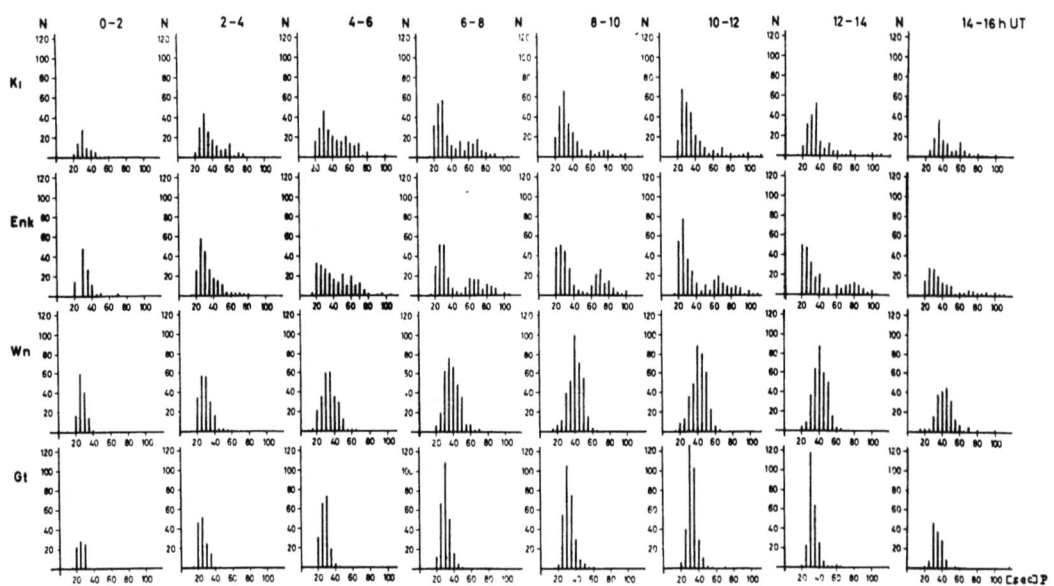

Abb. 1: Absolute Häufigkeit N der pc-Perioden (H-Komponente) an den Stationen Kiruna (Ki), Enköping (Enk), Wingst (Wn) und Göttingen (Gt) bei schwachem erdmagnetischem Störungsgrad für acht verschiedene Weltzeitintervalle. Es liegen Werte der vier Monate Juni bis September 1963 zugrunde (nach VOELKER [1965]).

erfolgen. Dieser wird an der Magnetosphäre gebremst, wobei an der Magnetopause eine Turbulenzzone entstehen kann. Die Störungen, welche durch diese Turbulenz hervorgerufen werden, können sich zum Teil als hydromagnetische Wellen in das Plasma der Magnetosphäre hinein fortpflanzen. Aus Messungen von Raumsonden ist bekannt, daß die Magnetopause an der Tagseite der Erde etwa 10 Erdradien von der Erde entfernt ist (ein Erdradius werde mit 1 a bezeichnet). In dem Bereich zwischen 10a bis 6a sind die Störungen so groß, daß die Struktur des erdmagnetischen Feldes durch sie merklich geändert wird. Erst im Gebiet zwischen 6a und der Erdoberfläche hat das Feld deutlich eine dipolartige Struktur, und hier kann es auch zu den erwähnten stehenden hydromagnetischen Wellen kommen. Diese Betrachtung gilt für magnetisch ruhige Zeiten. Nimmt man in der Magnetosphäre eine nach jeder Richtung hin kontinuierliche Dichte des Plasmas an, so wird sich eine von außen kommende Störung durch die Magnetosphäre so fortpflanzen, daß die ganze Magnetosphäre in dem betrachteten Bereich mit einheitlich derselben Periode schwingt [SIEBERT, 1965].

Gegen lokalen Mittag werden die Variationen des solaren Windes am stärksten normal zu den erdmagnetischen Feldlinien in der Äquatorebene auftreffen. Damit erhält man an der Erdoberfläche ein im wesentlichen Nord-Süd gerichtetes magnetisches Störungsfeld und eine Polarisation des magnetischen Störungsvektors, die mit den Beobachtungsergebnissen übereinstimmt. Allerdings folgen aus den Annahmen dieses Modells für die Plasmaverteilung in der Magnetosphäre Pulsationen mit breitenunabhängigen Perioden.

Um diesen Widerspruch zu den Beobachtungen zu beseitigen, wird eine lamellenartige Struktur der Magnetosphäre angenommen. Die Plasmadichte ist zwar längs einer Feldlinie stetig, aber in der Meridianebene unstetig verteilt, so daß Bereiche höherer und geringerer Dichte abwechseln. Dabei wird nach Abschätzungen von SIEBERT die größte Dicke der Lamellen jeweils gering sein im Vergleich zu Änderungen der Plasmabewegung längs einer charakteristischen Länge normal zum erdmagnetischen Feld. Über die azimutale Erstreckung einer solchen Lamelle kann bisher nichts ausgesagt werden, da die entsprechenden Beobachtungen fehlen.

In Anhang 1. sind die Differentialgleichungen angegeben für das elektromagnetische Feld der hydromagnetischen Wellen, die sich in dem angenommenen Modell der Magnetosphäre ausbreiten, (A 1.5 und A 1.6). Gleichzeitig sind die Beziehungen zwischen der Plasmageschwindigkeit v und dem magnetischen Störungsvektor f aufgeführt (A 1.16 bis A 1.18). Die Schwingungsdauern der Plasmabewegung sind danach zugleich die Perioden der Schwingungen des magnetischen Störungsvektors. Außerdem werden in Anhang 1. zwei verschiedene Spezialisierungen des Anregungsmechanismus für die hydromagnetischen Wellen beschrieben.

Die erste Spezialisierung entspricht den Bedingungen, welche um den lokalen Mittag vorherrschen. Strömt der solare Wind die Lamellen in der Äquatorebene senkrecht an, so wird die zu den erdmagnetischen Feldlinien normale Komponente der Plasmageschwindigkeit v_n wesentlich größer sein als die binormale Komponente v_b. Dieses Modell führt auf eine entkoppelte meridionale Plasmabewegung (A 1.24) und eine mit dieser gekoppelte azimutale Plasmaschwingung (A 1.25). Beiden Bewegungen kann man jeweils ausschließlich eine Komponente H oder D des magnetischen Feldes zuordnen. Man erhält dann breitenabhängige Perioden der H-Komponente der pc's. Die Schwingungen der azimutalen Plasmabewegung führen auf drei Grenzfälle:

a) Tritt eine Kopplung zwischen der azimutalen und der meridionalen Plasmabewegung ein, so kommt es zu breitenabhängigen Perioden in der D-Komponente, die jedoch mit denjenigen in der H-Komponente identisch sind.

b) Ist der Betrag des Kopplungsgliedes zwischen meridionaler und azimutaler Plasmabewegung vernachlässigbar klein, so kommt es zu freien Schwingungen in der D-Komponente der pc's mit breitenabhängigen Perioden, die jedoch nicht mit denjenigen in der H-Komponente übereinstimmen.

c) Durch die von außen einfallende Störung kann es zu erzwungenen azimutalen Plasmaschwingungen kommen. Dies führt auf breitenunabhängige Perioden der D-Komponente der Pulsationen. Der allgemeine Fall ist eine Kombination aller drei Grenzfälle.

Die zweite Spezialisierung des Anregungsmechanismus gibt die Bedingungen an, die am lokalen Morgen vorherrschen. Es wird angenommen, daß der Betrag von v_b wesentlich größer als derjenige von v_n ist. Dieses Modell führt zunächst wieder auf eine meridionale entkoppelte Schwingung (A 1.31) und auf eine mit dieser gekoppelten azimutalen Schwingung (A 1.32) des Plasmas. Jedoch kann man in diesem Fall beiden Bewegungen jeweils nicht ausschließlich nur eine Komponente des magnetischen Störungsvektors zuordnen. Es entspricht zwar das zur meridionalen Plasmabewegung zugehörige magnetische Störungsfeld wieder ausschließlich der H-Komponente der pc's. Man erhält für diese Komponente breitenabhängige Perioden wie im ersten Fall. Die Gleichung für die azimutale Plasmabewegung ergibt wieder eine inhomogene partielle Differentialgleichung und damit wie bei der ersten Spezialisierung die gleichen drei Grenzfälle. Diesmal resultieren aber aus der azimutalen Plasmaschwingung Änderungen des magnetischen Störungsfeldes in H- und in D-Richtung. Falls die Amplituden dieser Schwingung wesentlich größer als diejenige der meridionalen Plasmabewegung ist, können nach Gleichung (A 1.16) in der H-Komponente die gleichen Perioden auftreten wie in der D-Komponente, da dann die breitenabhängigen Perioden in H, die aus der meridionalen Plasmaschwingung resultieren, überdeckt werden können. Man wird für diesen Fall erwarten, daß die Amplituden der D-Komponente der pc's wesentlich größer sind als diejenigen der H-Komponente.

Für den lokalen Mittag, d.h. für die erste Spezialisierung stimmen die Beobachtungsergebnisse von VOELKER [1963] mit den Aussagen der Theorie überein. Zu untersuchen bleibt, welche Ergebnisse eine Auswertung der D-Komponente der pc's für diesen Fall liefert und wie für die Zeit um den lokalen Morgen die Folgerungen aus der Theorie mit den Beobachtungsergebnissen übereinstimmen. VOELKER [1965] hatte die Auswertung nur an Einzelschwingungen der pc's durchgeführt. Außerdem sind diese Ergebnisse aus einer statistischen Auswertung der Einzelschwingungen über vier Monate hervorgegangen. Eine Analyse simultaner, kontinuierlicher Beobachtungsintervalle für die beiden Komponenten der pc's von ungefähr 1 - 2 Stunden Dauer wird Aufschluß geben über die in einem begrenzten Zeitintervall vorherrschenden Perioden. Wie schon erwähnt, wird dabei gleichzeitig der Einfluß subjektiver Auswahlkriterien, der bei der Auswahl nach Einzelschwingungen auftreten kann, ausgeschaltet. Ferner würde eine solche Analyse Aussagen über das gleichzeitige Verhalten beider Komponenten ermöglichen.

3. Die statistische Frequenzanalyse der Pulsationen vom pc-Typ

3.1 Auswahl und Verarbeitung der Magnetogramme

Sind die zu analysierenden Zeitfunktionen periodisch und liegt daher ihr Informationsgehalt eindeutig für Vergangenheit und Zukunft fest, so kann man zur Untersuchung des Frequenzinhaltes sowie der frequenzabhängigen Amplituden- und Phasenverteilung die einfachen Fouriermethoden wie etwa die harmonische Analyse heranziehen. Wenn eine Zeitfunktion weder in der Vergangenheit bekannt noch für die Zukunft eindeutig determiniert ist, sondern die Werte, welche sie annehmen kann, durch Wahrscheinlichkeitsverteilungen bestimmt werden, müssen Methoden zur Untersuchung benutzt werden, die diesen Gegebenheiten Rechnung tragen.

Bei den magnetischen Pulsationen vom pc-Typ wird man zwar in eng begrenzten Zeitabschnitten idealisierend von periodischen Zeitfunktionen sprechen können. Betrachtet man jedoch Beobachtungsintervalle von mehr als 10 Minuten Dauer, so wird sowohl aus den Registrierungen wie aus Überlegungen über die Entstehungsursachen der pc's deutlich, daß wegen zufällig verteilter, überlagerter Störungen am besten Methoden wie die "statistische Frequenzanalyse" angewandt werden. Sie gestattet es, das Frequenzspektrum von Zeitfunktionen $x(t)$ zu berechnen, die zufällige Phasensprünge aufweisen. In Anhang 2. sind die quantitativen Formulierungen der statistischen Frequenzanalyse wiedergegeben. Um diese anwenden zu können, muß die Autokovarianzfunktion $K(\tau)$ der Funktion $x(t)$ der folgenden Bedingung für $-\infty \leq \tau \leq \infty$ genügen:

$$K(\tau) \equiv \lim_{T \to \infty} \frac{1}{T} \int_{-T/2}^{+T/2} x(t)\, x(t + \tau)\, dt < \infty$$

Dabei bedeuten T das Analysengrundintervall und τ die Retardierung. Das Wiener-Theorem gestattet dann die Berechnung der Fouriertransformierten von $K(\tau)$ und damit des quadratischen Spektrums pro Frequenzintervall $S(\nu)$ von $x(t)$. Ist $x(t)$ nicht über den ganzen Zeitbereich $-\infty \leq t \leq \infty$ bekannt, sondern nur in einem endlichen Zeitintervall T_n, so kann für $x(t)$ nur eine "genäherte" Autokovarianzfunktion $\tilde{K}(\tau)$ berechnet werden (s. Gleichung A 2.12). $\tilde{K}(\tau)$ ist dann nur für den τ-Bereich mit $|\tau| \leq T_m < T_n < \infty$ definiert, wobei T_m die maximale Retardierung bedeutet. Die wahre Autokovarianzfunktion von $x(t)$ erhält man nach (A 2.15) als Mittelwert eines unendlichen Kollektivs der $\tilde{K}(\tau)$. Aus $\tilde{K}(\tau)$ läßt sich durch Fourier-Transformation nur ein Schätzwert $\tilde{S}(\nu)$ des wahren quadratischen Spektrums berechnen. Das spektrale Auflösungsvermögen $\Delta\nu$ der statistischen Frequenzanalyse für endliche Zeitfunktionen hängt von der Größe T_m ab. Denn das plötzliche Aufhören der Funktion an den Enden des Beobachtungsintervalles wirkt sich nach (A 2.16) und (A 2.17) in gleicher Weise aus, wie die Multiplikation der Autokovarianzfunktion $K(\tau)$ mit einer Funktion $D_o(\tau)$, die einem Rechteckimpuls von der Länge der maximalen Retardierung entspricht. Die Fourier-Transformation einer solchen Produktfunktion ergibt nach (A 2.18) im Spektrum nicht exakt die Spektralwerte der in $K(\tau)$ enthaltenen Frequenzen. Man erhält vielmehr als Spektralwert für eine bestimmte Frequenz ν den Mittelwert aller Spektralwerte über den Frequenzbereich $-\infty \leq \nu \leq \infty$, wobei diese nach Maßgabe der Fouriertransformierten $Q_o(\nu)$ des Rechteckimpulses $D_o(\nu)$ bewichtet sind. Diese Erscheinung entspricht der Abbildung eines Spaltes in der Optik, bei der ebenfalls die Spaltbreite einen Einfluß auf die Intensitätsverteilung der Abbildung hinter dem Spalt ausübt. In Abb. 2 ist der Verlauf der Funktion $Q_o(\nu)/2T_m$ dargestellt; $Q_o(\nu)$ wird Spektralfenster genannt. Man erkennt, daß die Bandbreite des Spektralfensters im wesentlichen $\Delta\nu = 1/T_m$ ist. Allerdings führen die großen positiven und negativen Werte in den Seitenbändern von $Q_o(\nu)$ zu starken Verzerrungen des quadratischen Spektrums. Diese Verfälschung der Spektralwerte kann man bis zu einem gewissen Grade vermeiden, indem man die Autokovarianzfunktion $\tilde{K}(\tau)$ nach (A 2.25) mit einem geeigneten Retardierungsfenster $D_i(\tau)$ multipliziert.

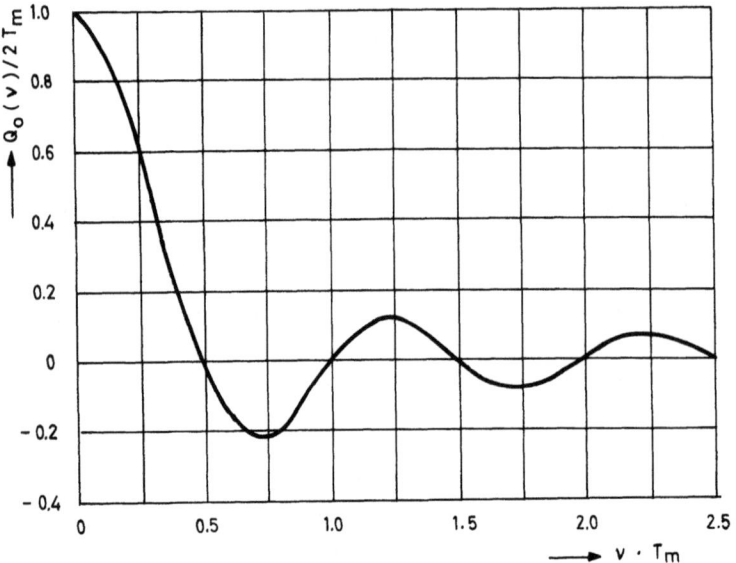

Abb. 2: Die Funktion $Q_o(\nu)/2T_m$ aufgetragen über $\nu \cdot T_m$.

Wichtig für die Beurteilung des statistischen Fehlers der quadratischen Spektren ist nach (A 2.27) das Verhältnis

$$k = \frac{2T_n}{T_m}$$

Mit wachsendem k nimmt nach (A 2.26) die statistische Sicherheit zu, weil möglichst große Bereiche T_n der Zeitfunktion miteinander verglichen werden.

Die Länge des Analysenintervalles wird damit von den Gegebenheiten der Registrierungen und von den Werten von k und T_m bestimmt. Man wird T_m und damit das Frequenz-Auflösungsvermögen möglichst groß wählen wollen, außerdem wird man k möglichst große Werte annehmen lassen wollen. Wählt man aber für die pc's Beobachtungsintervalle, die länger als zwei Stunden sind, so wird man breite Maxima in den quadratischen Spektren erhalten, falls die Perioden der pc's von der Tageszeit abhängen. Außerdem wird von der statistischen Frequenzanalyse ein stationäres Verhalten der zu untersuchenden Zeitfunktion vorausgesetzt. Die Forderungen erfüllen bis zu einem gewissen Grade nur solche pc-Registrierintervalle die kürzer als zwei Stunden sind. Von diesen Überlegungen her wurde das Grundintervall für die statistische Frequenzanalyse zu 90 Minuten gewählt. Für die Auswertung von Beobachtungen standen die Pulsationsregistrierungen der Stationen Kiruna, Enköping, Wingst, Göttingen und Fürstenfeldbruck zur Verfügung. In Tab. 1 ist auch die geozentrische Entfernung des Scheitelpunktes der magnetischen Dipol-Feldlinie angegeben, welche die Erdoberfläche am Ort der Station schneidet.

Tabelle 1

Station	Symbol	Geographische Breite	Länge	Geomagnetische Breite	Länge	Entfernung des Scheitels der Feldlinie
Kiruna	Ki	67,8° N	20,4° E	65,3 N	115,6° E	6,30 a
Enköping	Enk	59,4 N	17,1 E	58,5 N	105,3 E	3,51 a
Wingst	Wn	53,8° N	9,1° E	54,5 N	94,0° E	2,97 a
Göttingen	Gt	51,5° N	10,0° E	52,3 N	93,7° E	2,67 a
Fürstenfeldbruck	Fu	48,2° N	11,3° E	48,8° N	93,3° E	2,31 a

Diese Stationen erfassen einen geomagnetischen Breitenbereich von 16,5°. An allen Observatorien werden die Pulsationen getrennt in den drei Komponenten H, D und Z registriert. Bei der Auswertung wurde die Z-Komponente nicht in Betracht gezogen, da sie zu stark durch Anomalien der elektrischen Leitfähigkeit im Untergund beeinflußt wird. In den Registrierapparaturen ist ein Magnet senkrecht zu einer Spule drehbar aufgehängt. Das Moment des Magneten ist senkrecht zu derjenigen Komponente des erdmagnetischen Feldes gerichtet, deren Schwankungen gemessen werden sollen. Eine Drehung des Magneten ändert den Kraftfluß durch die Spule. Die dadurch in der Spule induzierte Spannung wird über ein angeschlossenes

Spiegelgalvanometer photographisch registriert. Aus den Aufzeichnungen kann über die bekannten Amplituden- und Phasen-Resonanzkurven die zeitliche Änderung der erdmagnetischen Feldstärke berechnet werden. Eine genaue Beschreibung der Apparatur wird von VOELKER [1963] angegeben.

Die Abb. 8 (S.19) zeigt ein Registrierbeispiel von pc-Pulsationen. Da die Beobachtungen der pc's in Form von Analogwerten vorliegen, ist die Anwendung von Analog- und Digitalverfahren für die Auswertung möglich. Eine analog-rechentechnische Auswertung der Registrierkurven bringt den größtmöglichen Informationsgehalt. Der Analogkorrelator des Institutes für Geophysik und Meteorologie der Technischen Hochschule Braunschweig bot die Möglichkeit, Autokovarianzfunktionen im Analogverfahren zu berechnen. Der Korrelator wird eingehend von WEGNER [1965] beschrieben.

Die Registrierkurven der pc's wurden optisch sechsfach vergrößert, mit einem manuellen Kurvenabtaster nachgefahren und auf Magnetband übertragen. Man erhält mit Hilfe des Analogkorrelators die Autokovarianzfunktion $\tilde{K}(\tau)$ der Registrierkurven für äquidistante Werte

$$q\Delta\tau, \quad q = 0, \pm 1, \pm 2, \ldots \pm m.$$

Die so gewonnenen Werte $\tilde{K}(q\Delta\tau)$ wurden mit dem Hann-Retardierungsfenster $D_2(q\Delta\tau), q = 0, \pm 1, \pm 2, \ldots \pm m$, (A 2.24) multipliziert. Aus diesen Produkten wurden die quadratischen Spektren auf der Rechenanlage IBM 7040 des Rechenzentrums Göttingen berechnet. Abb. 3 zeigt die Fouriertransformierte $Q_2(\nu)$ des Retardierungsfensters $D_2(\tau)$. Gemäß der Formel (A 2.33) wurden die einzelnen Spektralwerte noch korrigiert, um die Verzerrung der Beobachtungen durch die Amplitudenresonanzkurve der Induktionsvariometer zu beseitigen. Gegenüber einer in allen Teilen digital durchgeführten Analyse der Registrierungen gestattet dieses Verfahren der gemischten analogen und digitalen Verarbeitung eine erhebliche Einsparung an Zeitaufwand.

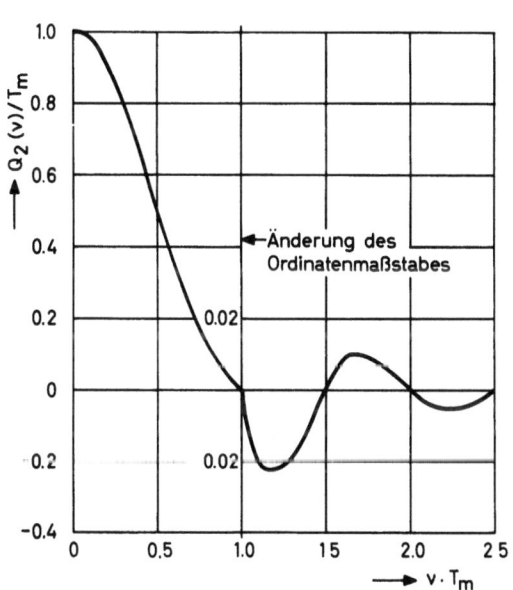

Abb. 3: Die Funktion $Q_2(\nu)/T_m$ aufgetragen über $\nu \cdot T_m$.

Infolge der Digitalisierung der Autokovarianzfunktion kann das quadratische Spektrum nur in einer Fourierreihe dargestellt werden. Es können demnach nur Oberschwingungen der Grundperiode $2 T_m$ berechnet werden. Die Größe von T_m muß so gewählt werden, daß in dem interessierenden Periodenbereich der pc's die berechneten Perioden genügend dicht liegen. Die kleinste noch auflösbare Periode (Nyquistperiode) ist

$$P_{Ny} = 2\Delta\tau.$$

Sind in den Registrierungen höhere Frequenzen als

$$\nu_{Ny} = \frac{1}{2\Delta\tau}$$

enthalten, so tragen diese nach Gleichung (A 2.10) zu einer Verfälschung des Spektrums der Frequenzen $\nu \leq \nu_{Ny}$ bei da ν, $2\nu_{Ny} \pm \nu$, $4\nu_{Ny} \pm \nu$, ... "Aliases" untereinander sind. (Der Begriff "Aliases" wird im Anhang 2. erläutert.) Die Tabelle 2 gibt eine Übersicht über die Größen der gewählten Parameter der statistischen Frequenzanalyse.

3.1

Tabelle 2

Symbol	Bedeutung	spezieller Wert	
T_n	Registrierintervall	5400	sec
T_m	max. Retardierung	360	sec
m	Anzahl der diskreten Werte	81	
$\Delta\tau$	Retardierungsschritt	4,44	sec
$2\Delta\tau$	Nyquistperiode	8,88	sec
k	Verhältnis $2 T_n / T_m$	30	

Bei k = 30 liegen (siehe Abb. 25 im Anhang 2.) 90 % aller Fälle in einem Bereich von ± 30 % um das wahre Spektrum. Nach früheren Untersuchungen [MÜNCH, 1965] treten regelmäßige pc's am häufigsten in Zeiten auf, in denen die magnetische Aktivität Kp-Indizes zwischen 0 und 4o besitzt. Für die statistische Frequenzanalyse der pc-Beobachtungen wurden deshalb aus den Registrierungen der fünf oben genannten Observatorien für März bis September 1963 und November 1964 vierzehn 90-Minuten-Intervalle für magnetisch ruhige oder schwach gestörte Zeiten ausgewählt. In den Spektren ist dann der Rauschpegel gegenüber den signifikanten Maxima am geringsten. Außerdem treten dann in den Registrierungen im allgemeinen keine kürzeren Perioden als 15 Sekunden auf, sie liegen damit über der in Tab. 2 angegebenen Nyquistperiode.

Ausgewählt wurden gleichzeitige Beobachtungsintervalle für die H- und die D-Komponente der pc's. Sie sind zeitlich so verteilt, daß nach Möglichkeit auch Aussagen über das tageszeitliche Verhalten der pc's gewonnen werden können. Tab. 3 zeigt die Liste der ausgewählten Beobachtungsintervalle, deren Numerierung auf S. 18 erklärt wird.

Tabelle 3

Nr.	Datum	Zeit	Kp
4	19.8.63	03.50 - 05.00 UT	2o
1	3.8.63	04.25 - 05.55 UT	3-
2	13.9.63	04.25 - 05.55 UT	1-
7	4.9.63	07.30 - 09.00 UT	1+
8	27.7.63	07.40 - 09.10 UT	2o
3	28.7.63	07.55 - 09.55 UT	2o
13	29.6.63	08.25 - 09.55 UT	1o
6	4.9.63	09.00 - 10.30 UT	1o
5	7.8.63	09.05 - 10.35 UT	3-
9	10.11.64	10.05 - 12.35 UT	2-
14	6.7.63	10.30 - 12.00 UT	3-
12	4.9.63	10.30 - 12.00 UT	1o
11	28.11.64	10.55 - 12.25 UT	2o
10	8.8.63	11.40 - 13.30 UT	3-

3.2 Ergebnisse der Auswertung

Die Abb. 4 und Abb. 5 zeigen die Autokovarianzfunktionen für die Stationen Kiruna und Wingst und Abb. 47 die zugehörigen Pulsationsregistrierungen. Der Übersichtlichkeit halber sind die Abb. 30 bis Abb. 71, welche die ausgewählten Registrierungen und die zugehörigen quadratischen Spektren zeigen, im Anhang 5. zusammengestellt.

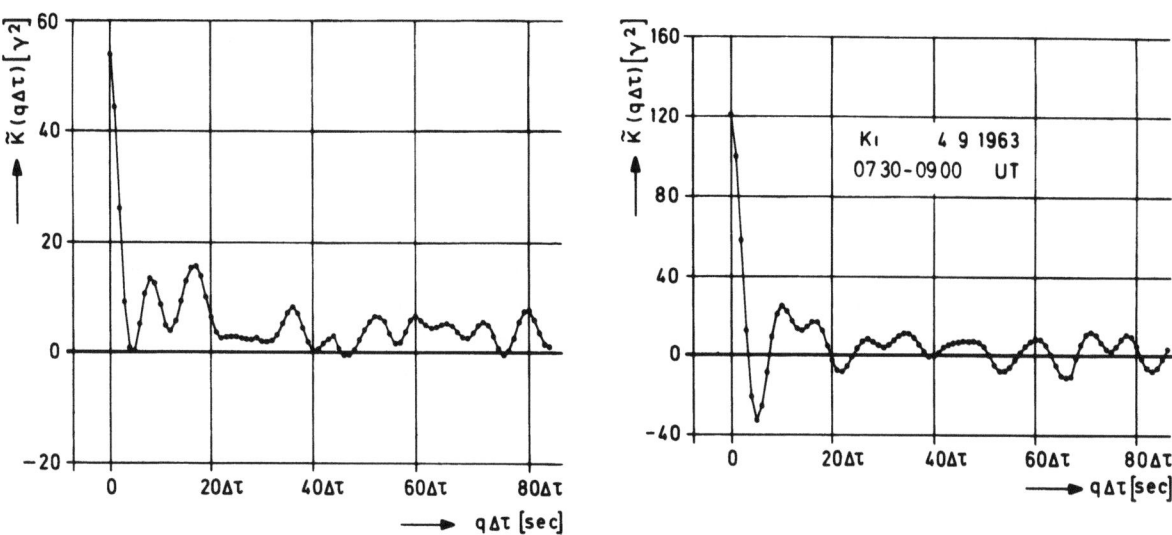

Abb. 4: Beispiel einer Autokovarianzfunktion für die H-Komponente (links) und die D-Komponente (rechts) einer pc-Registrierung an der Station Kiruna. Aufgetragen ist $\tilde{K}(q\Delta\tau)$ über $q\Delta\tau$.

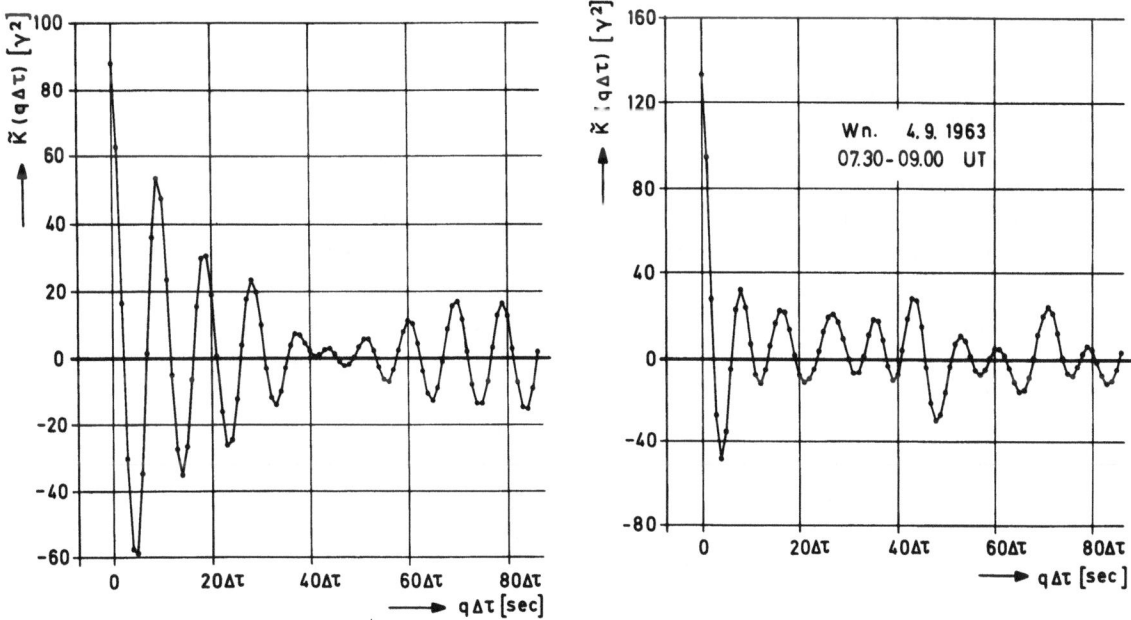

Abb. 5: Beispiel einer Autokovarianzfunktion für die H-Komponente (links) und die D-Komponente (rechts) einer pc-Registrierung der Station Wingst. Aufgetragen ist $\tilde{K}(q\Delta\tau)$ über $q\Delta\tau$.

3.2

Die Autokovarianzfunktionen geben deutlich den regelmäßigen Charakter der pc's in Wn und den mehr gestörten Verlauf der pc-Registrierung in Ki wieder. Aus der Periodizität von $\tilde{K}(q\Delta\tau)$ in Wn kann man sofort auf die vorherrschenden Perioden schließen. Die Abb. 45 und Abb. 46 geben die entsprechenden quadratischen Spektren wieder. Der Ordinatenmaßstab ist in diesen Abbildungen für jede Station verschieden gewählt, um möglichst zu verhindern, daß sich die Kurven überschneiden. Die Werte d im Skalenfaktor der Ordinatenwerte betragen für

Ki d = 3,0   Enk d = 4,6   Wn d = 5,0   Gt d = 6,0   Fu d = 7,0.

Spektralwerte, die kleiner als $1\gamma^2/\Delta\nu$ sind, wurden nicht eingezeichnet. Die Darstellung der quadratischen Spektren bricht bei der Frequenz $\nu = 43/720 \text{ sec}^{-1}$ ab, da für höhere Frequenzen die Amplituden zu klein sind.

Die Spektren weisen im allgemeinen einen Abfall der Amplituden zu höheren Frequenzen hin auf. Diesem Verlauf sind in gewissen Frequenzintervallen Maxima überlagert. Die Breite dieser Frequenzintervalle hängt von der Regelmäßigkeit der Pulsationen ab. Sehr regelmäßige pc's, wie diejenigen vom 28.7.1963 in der D-Komponente (s. Abb. 44) zeigen scharfe Maxima in den quadratischen Spektren (s. Abb. 43). (Diese Maxima werden im folgenden auch mit dem englischen Wort "Peaks" bezeichnet.) Allerdings sind diese Peaks selten auf ein so enges Frequenzintervall begrenzt wie etwa bei Abb. 51 für Wn vom 4.9.1963, daß sie eindeutig nur einer Frequenz zugeordnet werden können. Meist kann man nur die "vorherrschenden" Perioden bestimmen. Andererseits ist es mit der Hilfe der statistischen Frequenzanalyse möglich, auch stark gestörte Registrierungen wie diejenige vom 27.7.1963 (Abb. 41) für die Observatorien Ki und Enk noch zu analysieren. Nur treten dann die Maxima in den Spektren nicht so deutlich hervor.

Da die Beobachtungsintervalle aus verschiedenen Zeitabschnitten zwischen 3 und 14 Uhr UT entnommen sind und außerdem während dieser Zeiten unterschiedliche magnetische Aktivität geherrscht hat, zeigen die einzelnen quadratischen Spektren jeweils einen etwas anderen Verlauf. Die Abb. 32 zeigt pc-Registrierungen vom 19.8.1963 aus den Morgenstunden. In Ki und Enk sind den Pulsationen in beiden Komponenten häufig Störungen überlagert. Diesen Sachverhalt lassen die quadratischen Spektren in Abb. 30 und Abb. 31 beider Stationen deutlich erkennen. Die Peaks sind sehr flach und heben sich kaum über den allgemeinen Verlauf der Spektren heraus. In der H-Komponente findet man an den drei südlichen Stationen Maxima bei denselben Frequenzintervallen. Das gleiche gilt für die D-Komponente. Außerdem stimmen die Perioden, bei denen Peaks auftreten, für beide Komponenten ungefähr überein.

Die Beobachtungsintervalle vom 3.8.1963 (Abb. 35) und 13.9.1963 (Abb. 38) sind zur gleichen Tageszeit, aber bei unterschiedlichem Kp-Index registriert. Aus der Registrierung vom 3.8.1963 - dem Intervall mit der größeren magnetischen Aktivität - ersieht man schon direkt (Abb. 35), daß kürzere Perioden um 35 Sekunden an den drei südlichen Stationen vorherrschen. In den Spektren der H- wie der D-Komponente liegen die Maxima für Wn, Gt und Fu etwa im gleichen Frequenzintervall. Ebenso stimmen die vorherrschenden Perioden in beiden Komponenten ungefähr überein. In den Spektren vom 13.9.1963 liegen die Peaks bei wesentlich größeren Perioden, nämlich bei etwa 70 sec. Hier ist eine Übereinstimmung der Lage der Maxima sowohl für Wn und Fu jeweils in den einzelnen Komponenten, als auch die Übereinstimmung der Lage der Maxima jeweils beider Komponenten nur angedeutet. Die Registrierung von Gt ist in diesem Beobachtungsintervall ausgefallen. Die Abnahme der Schwingungsdauern der pc's bei größerer magnetischer Aktivität, wie sie die beiden oben genannten Beispiele zeigen, bestätigt die früher gewonnenen Ergebnisse bei der Auswertung von Einzelschwingungen [MÜNCH, 1965].

Bei diesen Effekten am lokalen Morgen tritt eine Breitenabhängigkeit der Perioden weder in der D- noch in der H-Komponente auf, darüber hinaus schwingen beide Komponenten mit ungefähr derselben Periode. Die Beobachtungsintervalle vom 27.7.1963 und 28.7.1963 sind etwa zur gleichen Tageszeit und bei gleichem Kp-Index registriert. Das Intervall mit den zahlreicheren und stärkeren Störungen vom 27.7.1963 (Abb. 41) zeigt im Spektrum der H-Komponente einen deutlichen Frequenzsprung für die

Maxima der Station Wn einerseits und Gt und Fu andererseits. Nach Süden hin werden die Perioden kürzer. Die zwei nördlichen Stationen besitzen ein nicht so ausgeprägtes Maximum bei 55 sec. Die Spektren der D-Komponente weisen an allen drei südlichen Stationen zwei Peaks auf bei Perioden von 48 sec und 31 sec. Am 28.7.1963 dagegen findet man in der H-Komponente in Wn, Gt und Fu die Hauptmaxima jeweils an der gleichen Stelle bei Perioden um 48 sec (Abb. 42). In Fu gibt es noch ein zweites Maximum bei 23 sec, das aber wesentlich kleinere Amplituden aufweist als dasjenige vom 27.7.1963 bei derselben Periode.

Für den 4.9.1963 wurde die Zeit von 07.30 bis 12.00 Uhr UT in drei Abschnitten analysiert. Im Intervall 07.30 bis 09.00 Uhr UT (Abb. 47) treten an allen Observatorien sehr regelmäßige pc's in der H-Komponente auf. Dementsprechend sind die Maxima in den Spektren ausgeprägt. In Wn, Gt und Fu liegen sie wieder im gleichen Periodenbereich um 40 sec. In Ki und Enk findet man Peaks bei Perioden von 80 sec und 36 sec. In der D-Komponente treten keine deutlichen Maxima hervor.

Die Registrierung am 29.6.1963 (Abb. 50) ist wesentlich gestörter als diejenige am 4.9.1963 von 07.30 bis 09.00 Uhr UT. Daher sind die Peaks hier über breitere Frequenzintervalle "verschmiert". In der D-Komponente der pc's haben die quadratischen Spektren für Ki, Enk, Wn und Gt bei gleichen Perioden Maxima. Die Registrierung von Fu zeigt dagegen einen Peak bei längeren Perioden als an den übrigen Stationen. In der H-Komponente herrschen in Gt kürzere Perioden als in Wn und Fu vor. Einen deutlichen Peak bei 33 sec weist das Spektrum von Ki auf. Für die Zeit von 09.00 bis 10.30 Uhr UT liegen wieder zwei Registrierungen mit unterschiedlichem Störungsgrad vor. Für das Intervall vom 7.8.1963 mit dem Kp-Index 3- treten in der H-Komponente (Abb. 54) neben den langen Perioden wieder deutlich an allen Observatorien kürzere Perioden um 22 sec auf, die für den 4.9.1963 von 09.00 bis 10.30 Uhr UT (Abb. 51) nicht vorhanden sind. Enk besitzt einen Peak bei Perioden von 72 sec und die drei südlichen Stationen haben ein Maximum bei Perioden von 55 sec. Die D-Komponente zeigt wieder einen gleichartigen Verlauf an den vier südlichen Stationen. Am 4.9.1963 (Abb. 52) deutet sich in D ein gleichartiger Verlauf im Spektrum an allen Stationen an. In der H-Komponente (Abb. 51) haben Ki und Enk Maxima bei 90 sec und 36 sec. Die Peaks in den Spektren von Gt und Fu sind über ein sehr breites Frequenzintervall "verschmiert", dessen Mittenfrequenz wesentlich höher ist als diejenige von Wn.

Der dritte Teil der Analyse vom 4.9.1963 - für die Zeit von 10.30 bis 12.00 Uhr UT - bringt die Periodenverschiebung in der H-Komponente (Abb. 57) der drei südlichen Stationen noch deutlicher zum Ausdruck. Die Maxima in den Spektren für Gt und Fu liegen bei Perioden von 29 sec, dasjenige von Wn bei 36 sec. Ki und Enk zeigen wieder ein ausgeprägtes Maximum bei 72 sec. Die D-Komponente der pc's schwingt an den vier südlichen Observatorien mit der gleichen Periode von 29 sec. In Enk tritt im Spektrum zusätzlich ein kleines Maximum bei 100 sec auf. Auch am 6.7.1963 weist die D-Komponente (Abb. 61) an den Stationen Wn, Gt und Fu dieselben Perioden auf.

Sehr deutliche breitenabhängige Perioden zeigt die H-Komponente für den 28.11.1963 (Abb. 63). Die Peaks in den Spektren liegen für Enk bei Perioden von 90 sec, für Wn bei 60 sec, für Gt bei 31 sec und für Fu bei 30 bis 24 sec. Zusätzlich treten bei Gt und Fu noch kleinere Maxima bei 60 sec auf. Die D-Komponente zeigt wieder an den drei südlichen Stationen einen ähnlichen Verlauf. Für den 10.11.1964 dagegen findet man an den Stationen Wn, Gt und Fu keine merkliche Periodenänderung mit der Breite. Deutlich ausgeprägt erscheint die Breitenabhängigkeit der Perioden der H-Komponente wiederum am 8.8.1963 (Abb. 69). In Enk tritt das typische langperiodische Maximum um 90 sec auf. Die D-Komponente der pc's läßt auch hier keine systematische Breitenabhängigkeit erkennen.

Um den lokalen Mittag nehmen die Perioden der pc-Pulsationen an den Stationen Enk, Wn, Gt und Fu in der H-Komponente deutlich mit wachsender geomagnetischer Breite zu; in der D-Komponente hängen die Perioden dagegen nicht von der geomagnetischen Breite ab. In Kiruna werden die pc-Registrierungen meist von unregelmäßigen magnetischen Störungen überlagert. Im allgemeinen sind die vorherrschenden Perioden in der H-Komponente hier kürzer als diejenigen in Enköping.

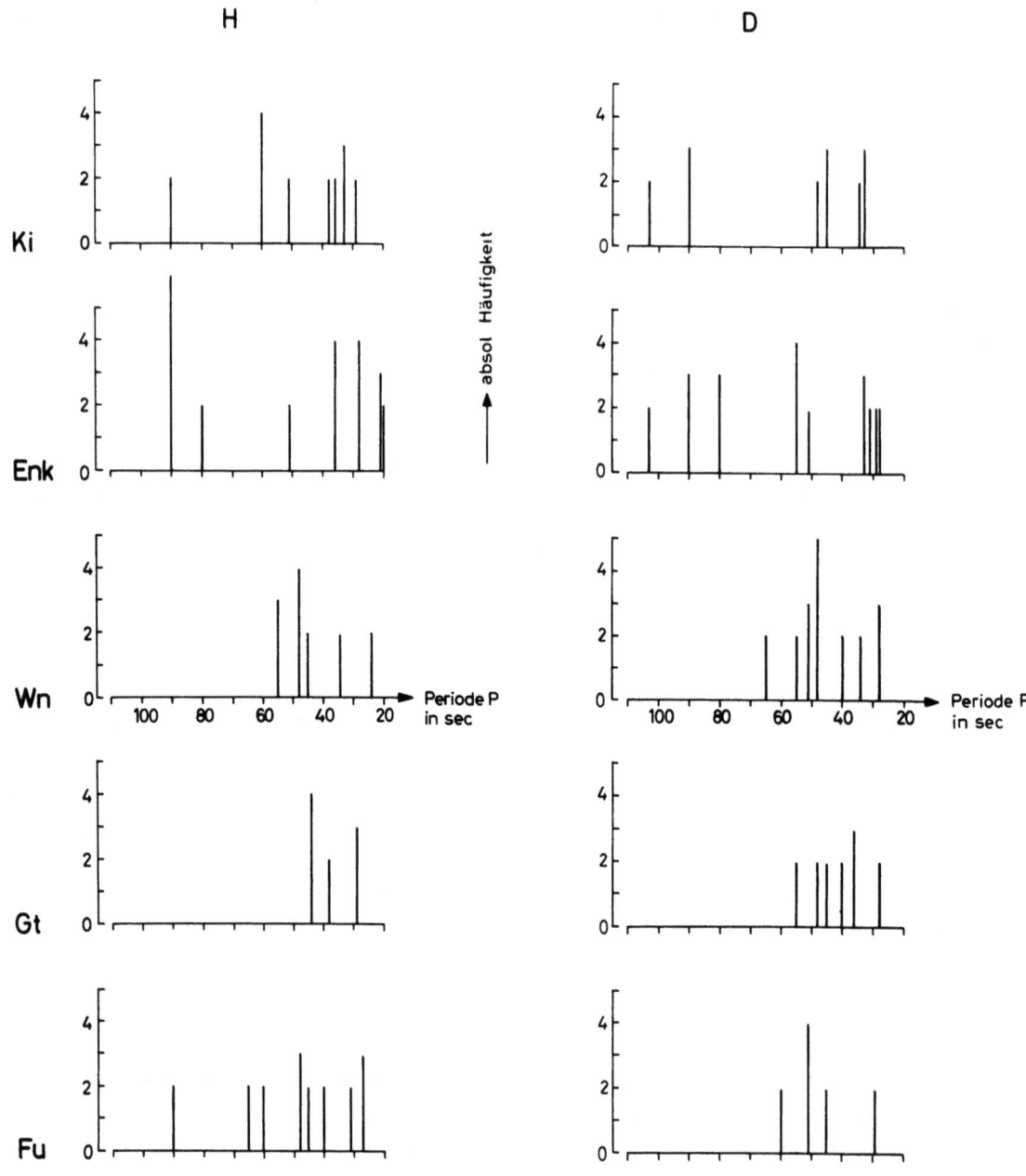

Abb. 6: Die absolute Häufigkeit signifikanter Maxima in den quadratischen Spektren, aufgetragen über der Periode P.

Bei der Beurteilung der Signifikanz der Maxima in den quadratischen Spektren wurde ein 90 % Konfidenzbereich zugrunde gelegt, dessen Grenzen man aus Abb. 25 (s. Seite 40) für k = 30 entnehmen kann. Diejenigen signifikanten Peaks der quadratischen Spektren, die mindestens **zweimal** in den 14 Fällen auftraten, sind in Abb. 6 noch einmal gesondert zusammengestellt. Diese Darstellung gibt also eine Häufigkeitsverteilung der vorherrschenden Perioden der pc's an den verschiedenen Stationen über die Zeit von 03.00 bis 14.00 Uhr UT wieder. Da in Abb. 6 zwischen den Perioden mit P > 55 sec und denjenigen mit P < 55 sec eine Lücke besteht, wurden Mittelwerte M für zwei Periodenklassen für jede Station gebildet: M2 für den Bereich von $20 \leq P \leq 55$ sec und M1 für den Bereich $56 \leq P \leq 110$ sec. In den zwei Klassen wurde jeweils über **alle** vorkommenden signifikanten Peaks gemittelt, einschließlich der in Abb. 6 ausgelassenen Maxima, die nur einmal auftraten. Die Periodenmittelwerte M1 und M2 für die einzelnen Stationen gibt die Tab. 4 an.

Tabelle 4

	H-Komponente		D-Komponente	
	M1	M2	M1	M2
Ki	65 sec	34 sec	95 sec	40 sec
Enk	80 sec	28 sec	90 sec	40 sec
Wn	-	43 sec	-	43 sec
Gt	-	38 sec	-	42 sec
Fu	71 sec	33 sec	-	43 sec

Für jede Station und jedes Registrierintervall wurden die Spektraldichtewerte der H-Komponente der pc's gemittelt jeweils über alle Frequenzen, (im folgenden mit $\overline{H_{pc}}$ bezeichnet) und die dazugehörigen Spektraldichtewerte der D-Komponente der pc's, auch gemittelt über alle Frequenzen, (im folgenden entsprechend mit $\overline{D_{pc}}$ bezeichnet) berechnet. Die Anzahl der Fälle mit $\overline{H_{pc}} < \overline{D_{pc}}$, $\overline{H_{pc}} = \overline{D_{pc}}$ und $\overline{H_{pc}} > \overline{D_{pc}}$ sind in Tab. 5 zusammengestellt.

Tabelle 5

Anzahl der Fälle an den Stationen

	Ki	Enk	Wn	Gt	Fu
$\overline{H_{pc}} < \overline{D_{pc}}$	9	6	3	2	4
$\overline{H_{pc}} = \overline{D_{pc}}$	4	2	2	1	2
$\overline{H_{pc}} > \overline{D_{pc}}$		6	9	10	9

An den Stationen Wn, Gt und Fu sind die Spektraldichtewerte der H-Komponente im Mittel größer als die der D-Komponente. In Enk treten die Fälle mit $\overline{H_{pc}} < \overline{D_{pc}}$ und $\overline{H_{pc}} > \overline{D_{pc}}$ gleichhäufig auf, während in Ki die Fälle mit $\overline{H_{pc}} < \overline{D_{pc}}$ überwiegen. An den vier südlichen Stationen fallen alle Fälle mit $\overline{H_{pc}} < \overline{D_{pc}}$ in die Zeit um den lokalen Morgen.

In Kiruna sind den pc-Pulsationen sehr häufig unregelmäßige magnetische Störungen überlagert, und die zu analysierenden Registrierungen enthalten in diesem Fall in einem weiten Frequenzbereich Schwingungen mit merklichen Amplituden. Im quadratischen Spektrum erhält man dann nicht Spektraldichtewerte, die über einem engen Frequenzintervall ein Maximum erreichen und außerhalb desselben gegen Null gehen, sondern sie weisen einen langsamen Abfall mit wachsender Frequenz auf (vgl. Abb. 54). Daher lassen sich die Kurven der quadratischen Spektren für Kiruna hinreichend gut durch Geraden approximieren. Näherungsweise erhält man dann eine einfache Beziehung zwischen der Spektraldichte, die zugleich die magnetische Energiedichte wiedergibt, und der Frequenz. Mit

$$\nu_{max} = 43/720 \ sec^{-1}$$

erhält man die empirische Beziehung

$$\tilde{S}(\nu) \approx \tilde{S}(\nu_{max}) \cdot 10^{\beta(1 - \nu/\nu_{max})}.$$

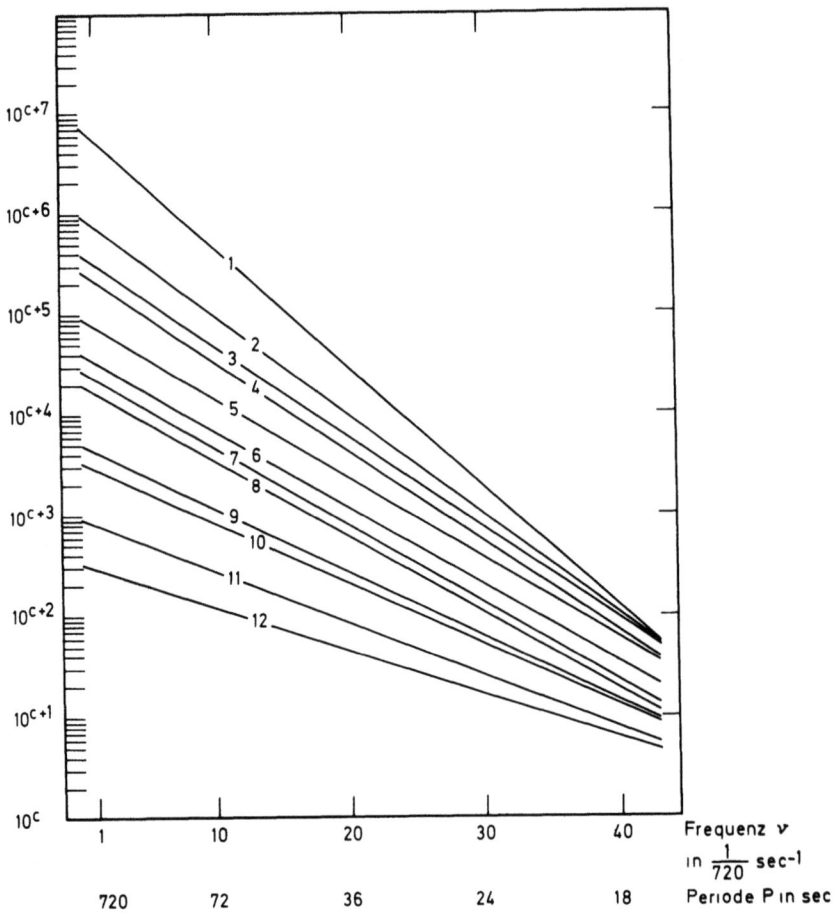

Abb. 7: Der Abfall der magnetischen Energiedichte mit wachsender Frequenz für die Station Kiruna und für verschiedene Tageszeiten (genäherter Verlauf).

Der Wert $-\beta/\nu_{max}$ gibt in der einfach-logarithmischen Darstellung der Spektraldichte über der Frequenz die Steigung der Geraden an, an welche die quadratischen Spektren angenähert wurden. Abb. 7 zeigt diese Geraden für einzelne quadratische Spektren der H-Komponente für Kiruna. Die Konstante c im Ordinatenmaßstab von Abb. 7 ist für jede Gerade verschieden gewählt und hängt ab von $\lg\left[\tilde{S}(\nu_{max})\right]$. Die Zahlen 1 bis 12 an den Geraden in Abb. 7 stimmen mit der Numerierung in Tab. 3 (S. 12) überein. Aus dieser Tabelle kann man entnehmen, aus welchen Tageszeiten die Registrierungsbeispiele für die quadratischen Spektren stammen. Man erkennt aus Abb. 7, daß β/ν_{max} im Bereich $1/2 \leqq \beta/\nu_{max} \leqq 1/5$ schwankt. Der Abfall der magnetischen Energiedichte mit zunehmender Frequenz der pc's ändert sich für die hier ausgesuchten magnetisch ruhigen Zeiten mit der Tageszeit. Die magnetische Energiedichte der kurzen Perioden nimmt mithin in Kiruna relativ zu derjenigen der längeren Perioden gegen Mittag hin zu.

4. Harmonische Analyse von 10-Minuten-Intervallen der pc-Registrierungen

Die statistische Frequenzanalyse erfordert einen verhältnismäßig hohen Arbeitsaufwand bei der Untersuchung der Beobachtungsdaten. Wesentlich geringer aufwendig ist die Suche nach Periodizitäten in Registrierungen mittels der harmonischen Analyse. Die Einsparung an Arbeitsaufwand bedingt aber einige spezielle Voraussetzungen, die man an das Beobachtungsmaterial stellen muß. Die Auswahl der Daten nach Gesichtspunkten, die der mathematische Formalismus vorschreibt, schließt die Möglichkeit nicht aus, daß auch subjektive Kriterien die Auswahl beeinflussen. Dieser Effekt kann bis zu einem gewissen Grade durch Mittelung über eine möglichst große Zahl von Fällen eliminiert werden. Sowohl um die harmonische Analyse anwenden zu können als auch um den Rauschpegel niedrig zu halten, muß man möglichst solche Effekte aus den Registrierungen heraussuchen, die in beiden Komponenten der pc's einigermaßen sinusförmig verlaufen. Da die optimale Dauer solcher Effekte für pc's bei 10 Minuten liegt, wurden aus den Registrierungen der Stationen Ki, Enk, Wn, Gt und Fu jeweils 10-Minuten-Intervalle ausgewählt, die folgenden Bedingungen genügen:

a) Die H- und die D-Komponente zeigen regelmäßige Schwingungen.
b) Die pc's treten an allen Stationen gleichzeitig auf.
c) Der Kp-Index des Intervalles ist kleiner als 4o.
d) Es treten keine kürzeren Perioden als 15 sec auf.

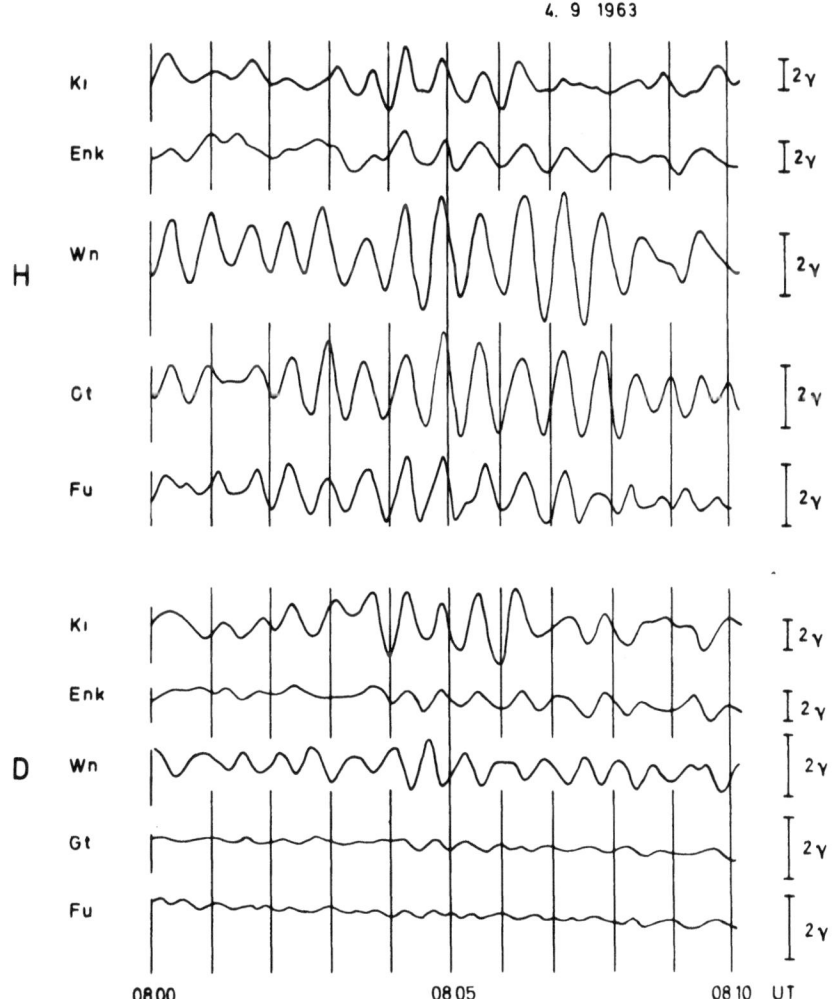

Für die Monate März bis September 1963 wurden 100 solcher Registrierungen ausgesucht, und zwar so, daß sie nicht in dieselben Zeiten wie die Intervalle für die statistische Frequenzanalyse fielen - mit Ausnahme vom 4.9.1963, 08.00 - 08.10 Uhr UT. Abb. 8 zeigt ein Registrierbeispiel und Tab. 6 die Verteilung der ausgewählten 10-Minuten-Intervalle über der Tageszeit.

Abb. 8: Registrierbeispiel von pc-Pulsationen an den Stationen Ki, Enk, Wn, Gt und Fu (Nachzeichnung).

Tabelle 6

Zeit UT	3 - 6	6 - 9	9 - 12	12 - 15
Anzahl der Fälle	25	24	34	17

Die pc-Registrierungen wurden in den Analysenintervallen optisch sechsfach vergrößert, an insgesamt 91 äquidistanten Punkten automatisch abgetastet und in digitaler Form in Lochkarten gestanzt. Alle weiteren numerischen Rechnungen wurden auf der Rechenanlage IBM 7040 im Rechenzentrum Göttingen durchgeführt.

Zunächst wurden die Werte der H- und der D-Komponente miteinander korreliert. Für beide Komponenten wurden aus der Folge der p Punkte (p = 0, 1, 2, ... 90) 71 Punkte (p = 10, 11, ... 80) ausgewählt und diese Punktmenge als Grundintervall festgelegt. Dann wurde das Grundintervall der D-Komponente um q Punkte (q = 0, ±1, ±2, ... ±10) gegenüber demjenigen der H-Komponente verschoben. Werden mit $x_H(p\Delta t)$ bzw. $x_D(p\Delta t)$ die äquidistanten Werte der H- bzw. der D-Komponente bezeichnet und mit M_H bzw. M_D deren Mittelwerte

$$M_H = \frac{1}{71} \sum_{p=10}^{80} x_H(p\Delta t), \qquad M_D = \frac{1}{71} \sum_{p=10}^{80} x_D(p\Delta t),$$

so läßt sich der Kreuzkorrelationskoeffizient zwischen beiden Komponenten schreiben als

$$C_{HD}(q\Delta\tau) = \frac{\sum_{p=10}^{80} [x_H(p\Delta t) - M_H][x_D(p\Delta t + q\Delta\tau) - M_D]}{\sqrt{\sum_{p=10}^{80} [x_H(p\Delta t) - M_H]^2 \sum_{p=10}^{80} [x_D(p\Delta t) - M_D]^2}} .$$

Hierbei wurden Δt und $\Delta\tau$ gleich groß gewählt.

Die von dem Produkt $q\Delta\tau$ abhängigen Kreuzkorrelationskoeffizienten ergeben an den fünf Stationen für die meisten ausgewerteten Beobachtungsintervalle regelmäßige Kurven, wie Abb. 9 anhand eines Beispiels zeigt. Damit ist gewährleistet, daß die pc-Registrierungen in den Analysenintervallen den Forderungen nach Regelmäßigkeit hinreichend genügen. Abb. 10 zeigt die Häufigkeitsverteilung aller aus den Beobachtungsdaten gewonnenen Kreuzkorrelationskoeffizienten für $q\Delta\tau = 0$. Man erkennt einen deutlichen Unterschied zwischen den Verteilungen in Ki und Enk und denjenigen in Gt und Wn. Während an den beiden nördlichen Stationen die positiven Kreuzkorrelationskoeffizienten überwiegen, treten bei Wn und Gt mehr negative Werte von $C_{HD}(0)$ auf. In Fu sind die Schwingungen der H- und der D-Komponente der pc's weniger eng korreliert als an den anderen Stationen.

Aus den 91 äquidistanten Werten der 10-Minuten-Intervalle wurden mit Hilfe der harmonischen Analyse die Amplituden und Phasen der harmonischen Schwingungen der pc's bestimmt. Im Anhang 3. ist der Zusammenhang zwischen den berechneten harmonischen Koeffizienten $|a_\nu|$ (für die Kreisfrequenz ω_ν, $\omega_\nu = 2\pi\nu/N\Delta t$, mit $N\Delta t = 600$ sec) und den wahren harmonischen Koeffizienten $|A_\lambda|$ (für die Kreisfrequenz Ω_λ, $\Omega_\lambda = 2\pi\lambda/L\Delta t$) einer periodischen Funktion mit der Grundperiode $L\Delta t$ diskutiert. Die a_ν und A_λ selbst sind nach (A 3.4) komplexe Größen. Der Betrag von a_ν stimmt nur dann mit demjenigen von A_λ für $\nu = \lambda$ überein, wenn die Dauer $N\Delta t$ des Analysengrundintervalles gerade $L\Delta t$ ist. Ist dies nicht der Fall, so tragen zu einem bestimmten Koeffizienten $|a_\nu|$ alle $|A_\lambda|$, gewichtet nach Maßgabe der Funktionen $U_1(\Omega_\lambda, \omega_\nu)$ und $U_2(\Omega_\lambda, \omega_\nu)$ (A 3.6), bei. Man erhält dann

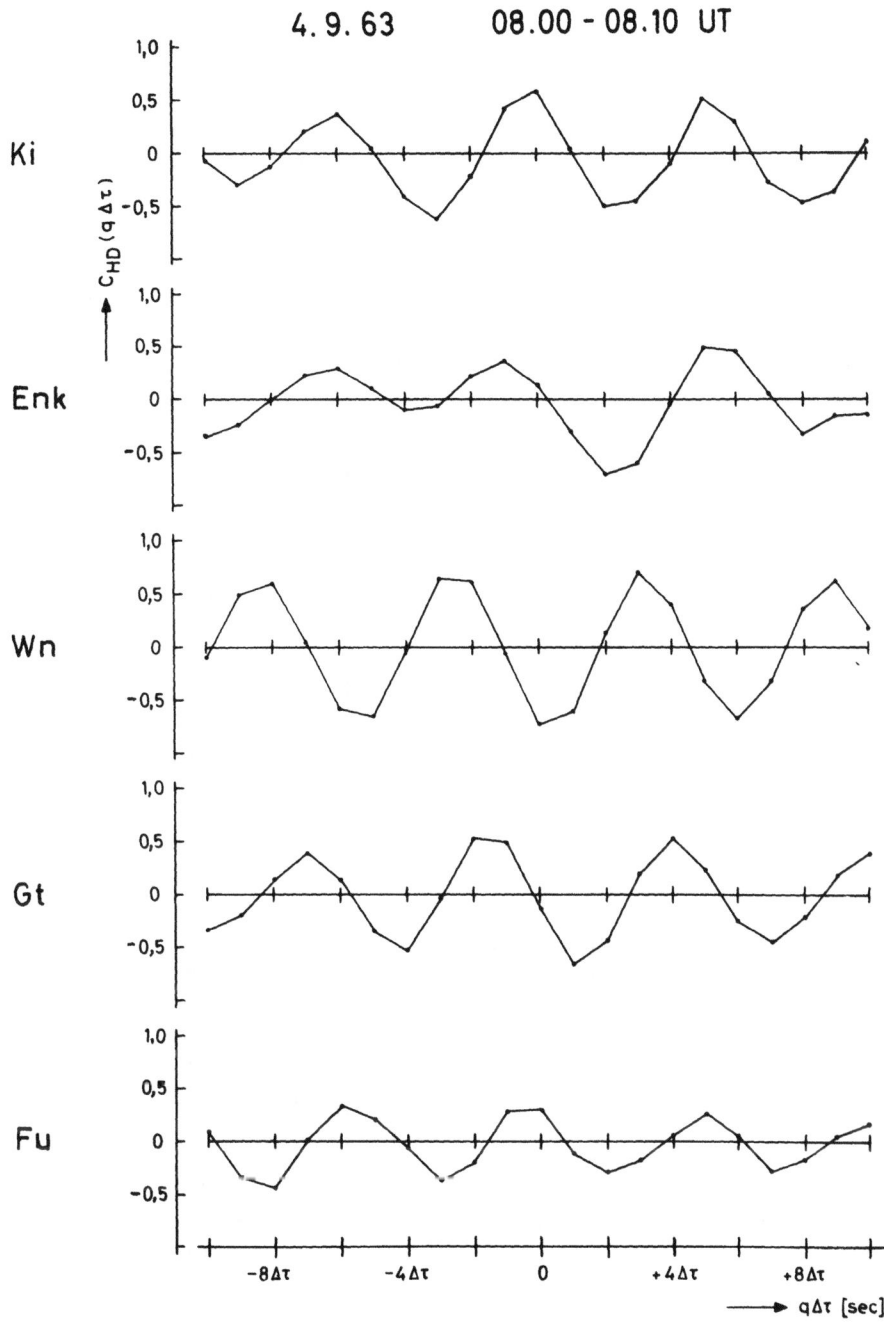

Abb. 9: Für das Registrierbeispiel aus Abb. 8 wurden hier die Kreuzkorrelationskoeffizienten $C_{HD}(q\Delta\tau)$ über $q\Delta\tau$ aufgetragen.

mittels der harmonischen Analyse nur verfälschte Spektralkoeffizienten der periodischen Funktion. Nach (A 3.4) kann man bei 91 Werten pro Frequenzintervall bis zur 45-sten Oberschwingung analysieren. Dabei ist die Differenz benachbarter Perioden der n-ten Oberschwingung für $n \geq 11$ kleiner als 5 sec. Die Spektrallinien liegen daher für die Untersuchung der pc's hinreichend dicht. Bei einem Punktabstand, der 6,7 sec entspricht, liegt die Nyquistperiode bei 13,4 sec. Da die ausgewählten Registrierbeispiele jedoch keine Schwingungen mit Perioden unter 15 sec aufweisen, wird der Effekt des "Aliasing" bei der Anwendung der harmonischen Analyse vermieden.

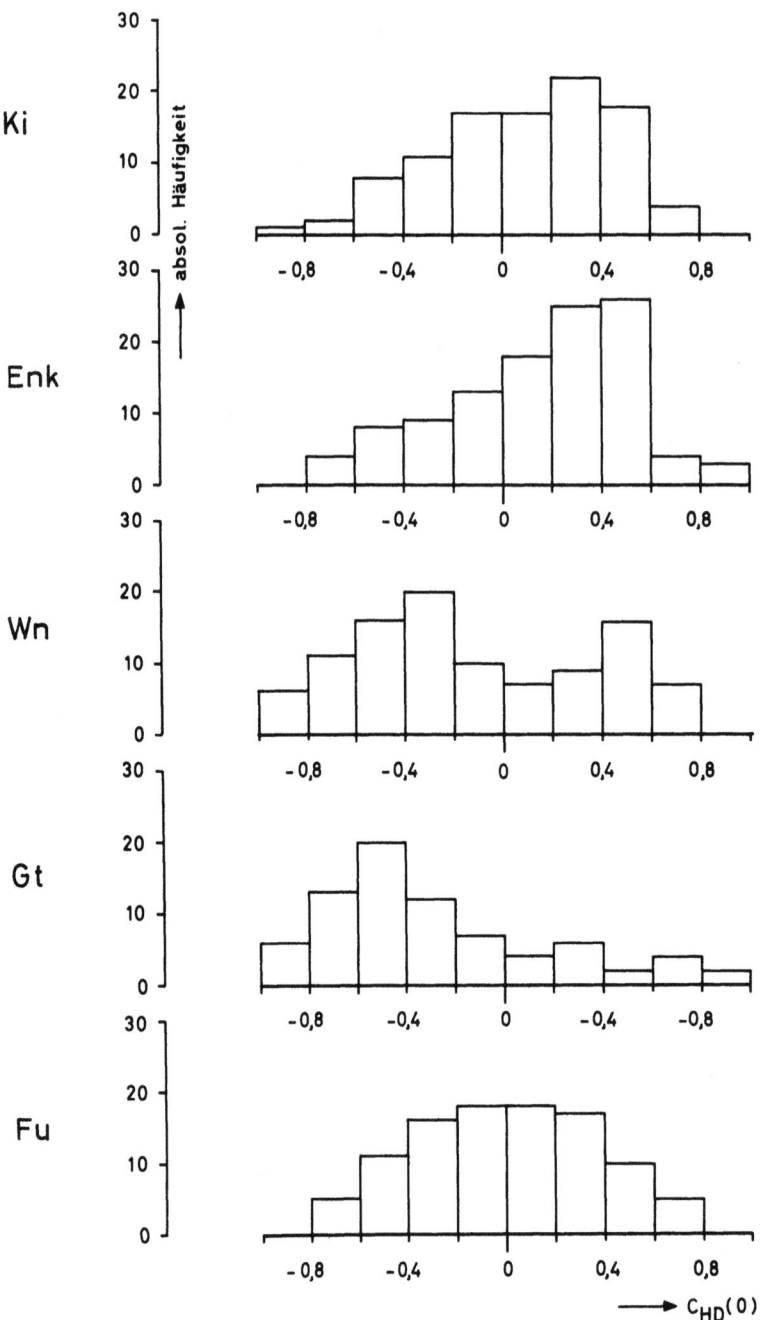

Abb. 10: Die absolute Häufigkeitsverteilung der Kreuzkorrelationskoeffizienten $C_{HD}(0)$ in Klassen von 0.2 Einheiten, berechnet für die Registrierbeispiele aus Tab. 6.

Nach den Ergebnissen bei der Auswertung der quadratischen Spektren liegen die Maxima in den Spektren der pc's zwischen 110 sec und 20 sec. Damit ist die vorherrschende längste Periode der pc's von 110 sec ungefähr fünfmal im Analysengrundintervall von 600 sec enthalten. Nach Abschätzungen im Anhang 3. werden nach (A 3.15) die berechneten $|a_\nu|$ nur von wenigen $|A_\lambda|$ bestimmt. Da die pc's auch hinreichend sinusförmig sind, erhält man dann nach (A 3.12) mittels der harmonischen Analyse ungefähr die wahren Spektren der pc's.

Abb. 8 zeigt ein Registrierbeispiel der pc's und Abb. 11 die zugehörigen Spektren, die mittels der harmonischen Analyse gewonnen wurden. Die ermittelten Perioden mit maximalen Amplituden stimmen gut mit den Ergebnissen überein, die mit Hilfe der statistischen Frequenzanalyse für das Intervall von 07.30 bis 09.00 Uhr UT am 4.9.1963 gewonnen wurden (vgl. Abb. 45, 46).

Die Spektren der an den einzelnen Stationen beobachteten pc's wurden jeweils über alle ausgewerteten 10-Minuten-Intervalle gemittelt, und die Mittelwerte der Spektralamplituden $|a_\nu|$ einschließlich ihrer wahrscheinlichen mittleren quadratischen Fehler berechnet. Für die Frequenzen ν mit $\nu > (28/600) \cdot \sec^{-1}$ war die Anzahl der Fälle mit $a_\nu \geq 0,1\gamma$ stets kleiner als 10, daher wurden hierfür keine Mittelwerte mehr bestimmt. Die Abb. 12 - 16 geben ein Bild von der spektralen Amplitudenverteilung der pc's an den einzelnen Stationen, im Mittel über die Zeit von 3 bis 15 Uhr UT. Die Amplituden in diesen Spektren entsprechen ungefähr denjenigen der quadratischen Spektren, wenn man berücksichtigt, daß dort die Spektralwerte in $\gamma^2/\Delta\nu$ aufgetragen sind. Die Perioden mit maximalen Amplituden stimmen an allen 5 Stationen bei der D-Komponente wesentlich besser überein als bei der H-Komponente. Die Auswertung mit der harmonischen Analyse erbringt im wesentlichen die gleichen Ergebnisse wie diejenige durch die statistische Frequenzanalyse (s. Tab. 4, S. 17).

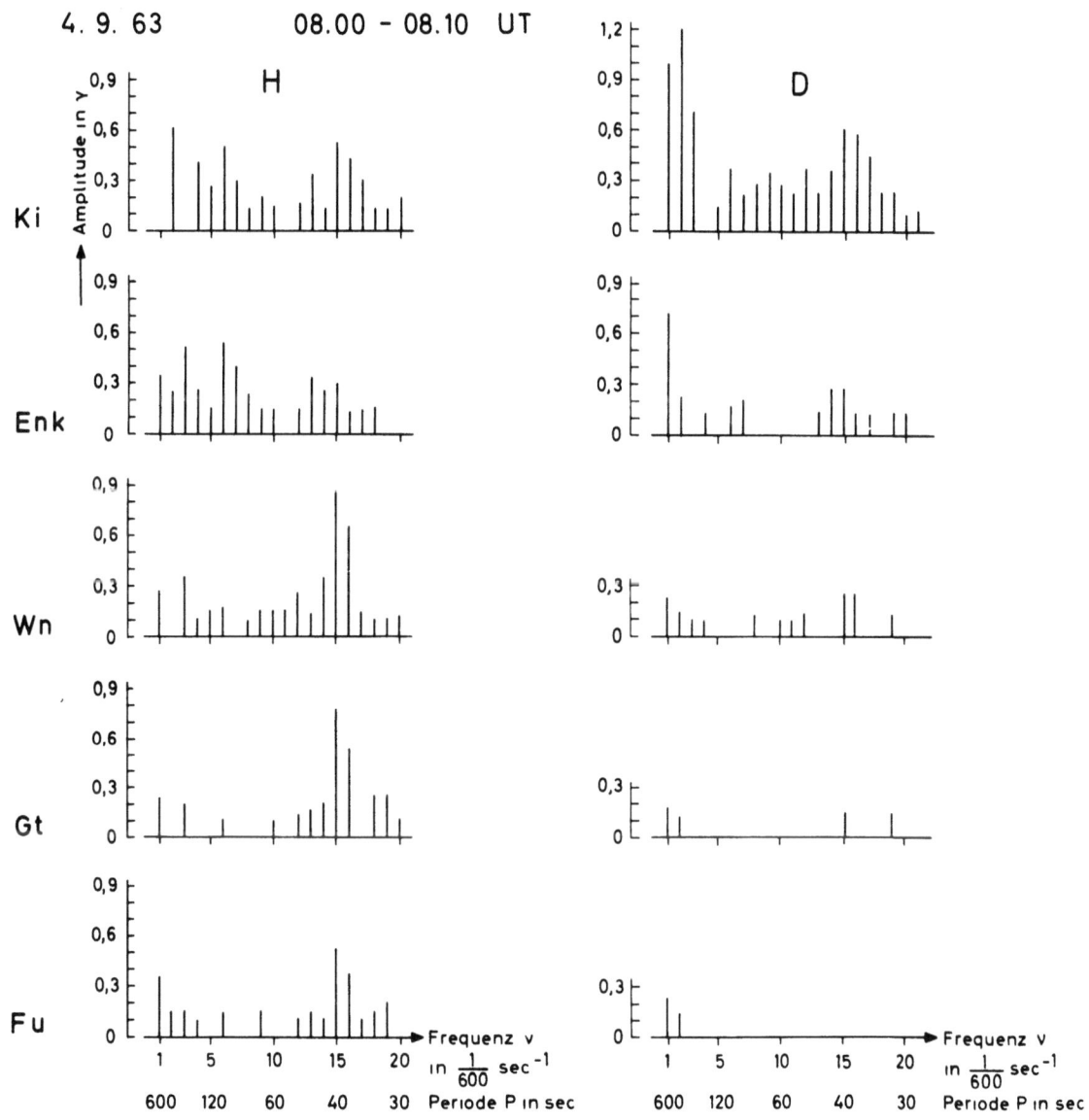

Abb. 11: Die Amplitudenverteilung über der Frequenz für das pc-Registrierbeispiel aus Abb. 8.

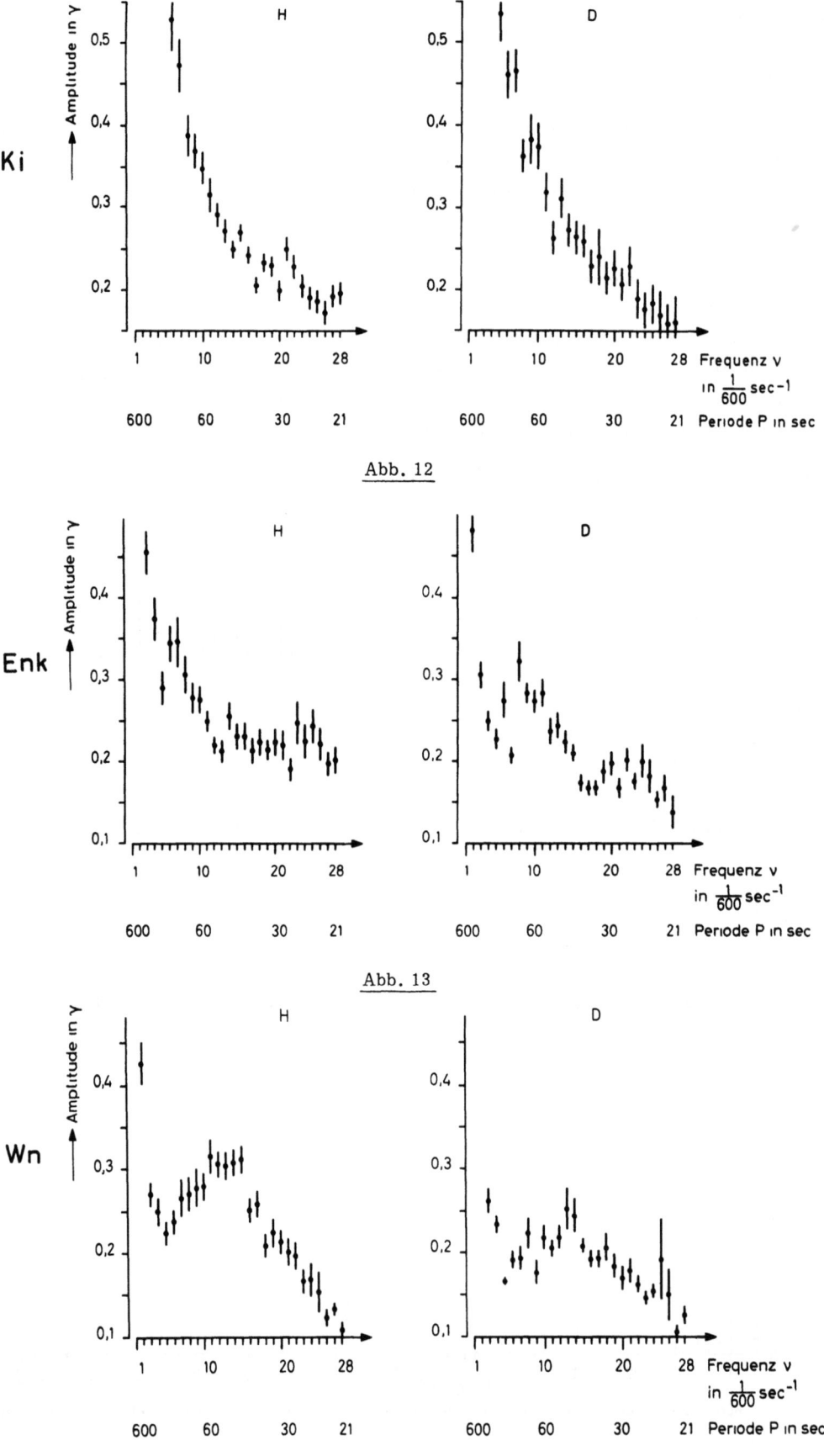

Abb. 12

Abb. 13

Abb. 14

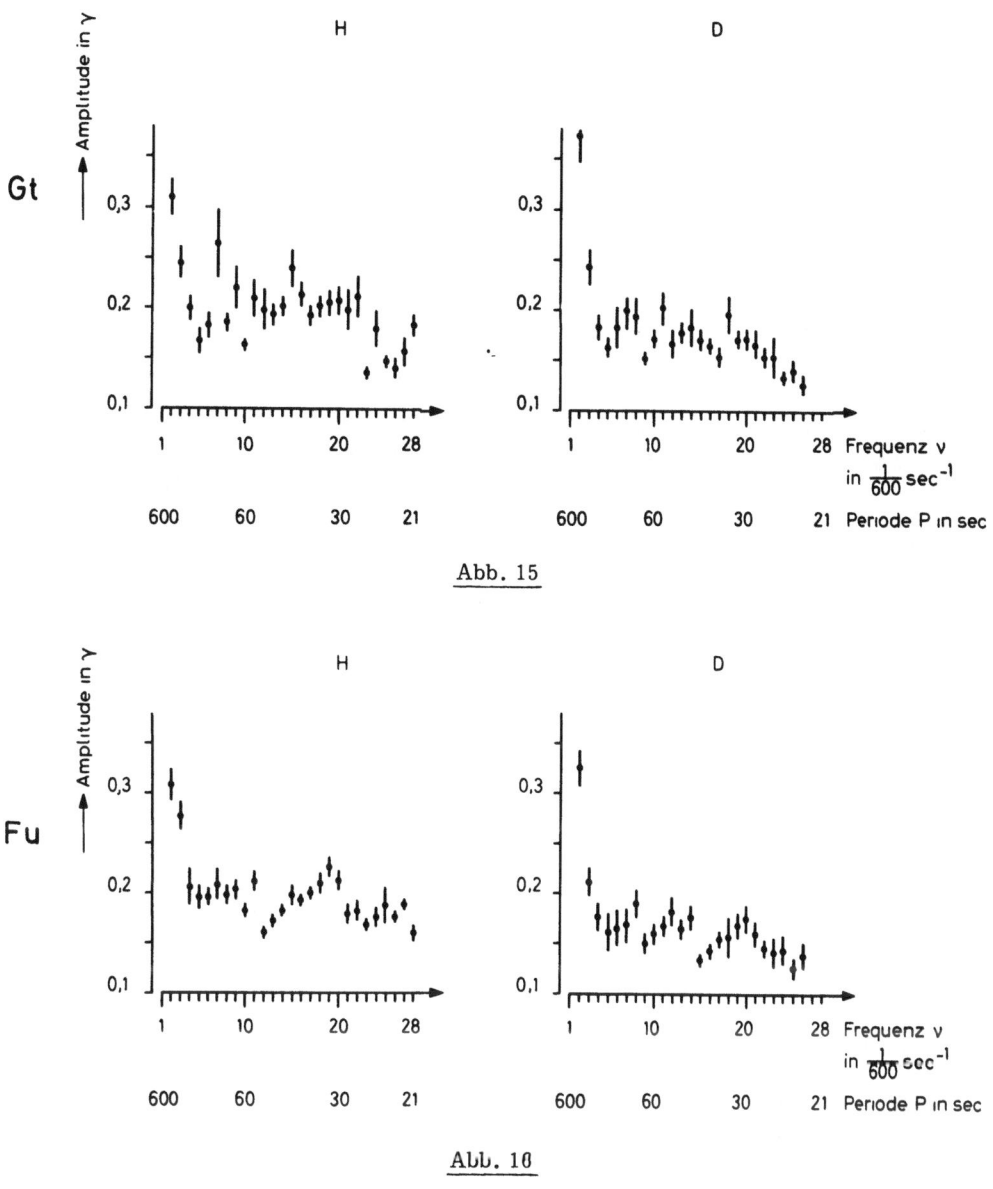

Abb. 12 - 16: Mittlere spektrale Amplitudenverteilung für die in Tab. 6 angegebenen Beispiele der pc-Registrierungen (an verschiedenen Stationen), berechnet nach der harmonischen Analyse von 10-Minuten-Intervallen.

Aus der Phasendifferenz $\varphi_{HD\nu}$ zwischen den Harmonischen der H- und der D-Komponente kann man nach (A 3.18) auf den Umlaufsinn des Endpunktes des Horizontalvektors für pc's der jeweiligen Periode schließen. In den Wert $\varphi_{HD\nu}$ gehen natürlich nach (A 3.17) die Fehler von $a_{H\nu}$ und $a_{D\nu}$ ein. Um den Gesamtfehler möglichst klein zu machen, wurden die $\varphi_{HD\nu}$ nur für Frequenzen ν mit $\nu \geqq (6/600) \cdot sec^{-1}$ bestimmt. Für die 3-Stunden-Intervalle von 3 bis 15 Uhr UT wurden, jeweils gemittelt über alle Frequenzen mit $(6/600) sec^{-1} \leqq \nu \leqq (28/600) sec^{-1}$, die Verhältnisse p der Fälle mit mathematisch negativem zu denen mit mathematisch positivem Umlaufsinn des Horizontalvektors gebildet. In Abb. 17 sind die Ergebnisse von p für die einzelnen Stationen über der Tageszeit aufgetragen.

In Ki und Enk bleibt p in der Zeit von 3 bis 15 Uhr UT im allgemeinen unter 1. Das bedeutet, daß die Horizontalvektoren mit positivem Umlaufsinn überwiegen. Für die Stationen Wn, Gt und Fu wächst p mit der Tageszeit. Gegen Mittag hin überwiegen die Horizontalvektoren mit negativem Umlaufsinn. Die

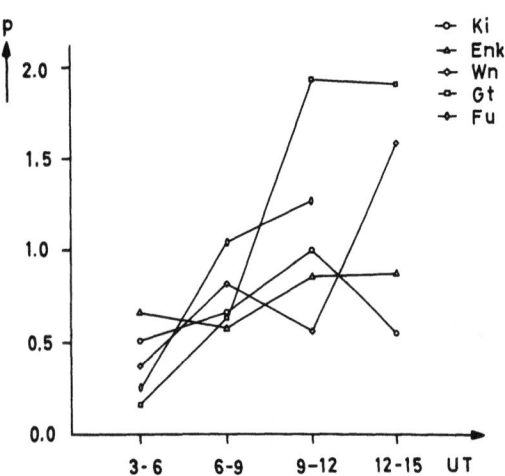

Abb. 17: Verhältnis p der Fälle mit mathematisch negativem zu denen mit mathematisch positivem Umlaufsinn des Horizontalvektors über der Tageszeit (Auswertung aller 10-Minuten-Intervalle aus Tab. 6).

Perioden - Abhängigkeit des Umlaufsinnes des Horizontalvektors mit der Tageszeit konnte nicht untersucht werden, da die Anzahl der jeweiligen Fälle hierfür zu klein war.

Der Umlaufsinn des Horizontalvektors wurde daneben auch an Einzelschwingungen bestimmt. Zu diesem Zweck wurden aus den pc-Registrierungen von Ki, Enk, Wn, Gt und Fu für die Monate März bis August 1963 solche Einzelschwingungen herausgesucht, die in der H- und der D-Komponente etwa gleiche Perioden aufweisen, sinusförmig verlaufen, an allen Stationen ungefähr gleichzeitig auftreten und zeitlich weder in die Beobachtungsintervalle der Registrierbeispiele für die harmonische Analyse noch in diejenigen für die statistische Frequenzanalyse fallen. Wenn die Perioden der pc's in den beiden Komponenten gleich sind, braucht die Verzerrung der Phase der Schwingungen durch die Induktionsvariometer nicht berücksichtigt zu werden, da für beide Komponenten identische Registrierapparaturen benutzt werden. Tab. 7 gibt die Verteilung der ausgewählten Einzelschwingungen über der Tageszeit an.

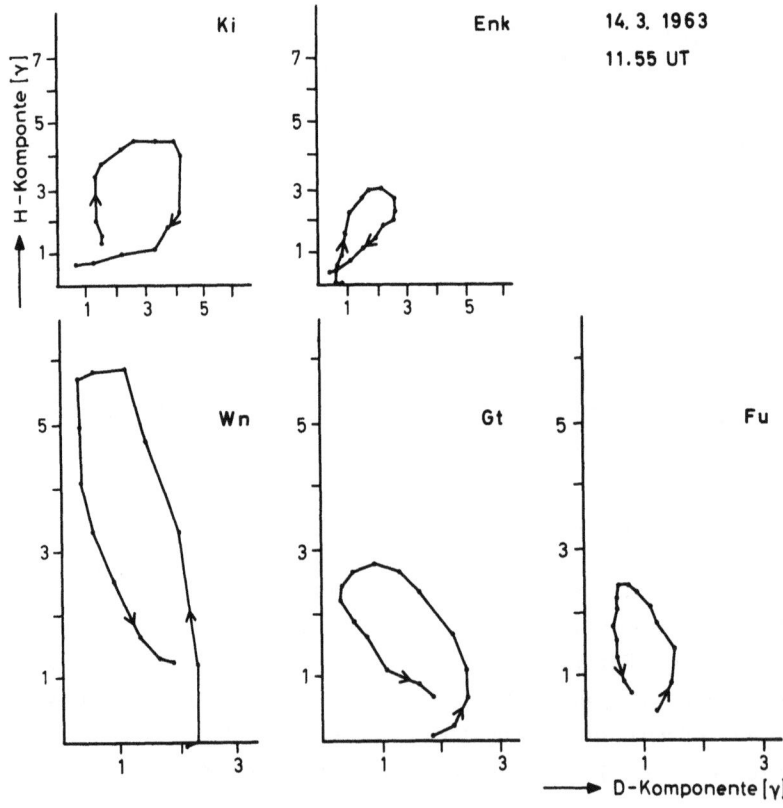

Abb. 18: Beispiel für Horizontalvektogramme von pc-Pulsationen (der Nullpunkt der Skalen ist beliebig).

Tabelle 7

Tageszeit UT	0 - 3	3 - 6	6 - 9	9 - 12	12 - 15
Anzahl der Fälle	6	33	33	39	16

Aus den optisch sechsfach vergrößerten Registrierkurven der Einzelschwingungen wurden in äquidistanten Schritten von 3 sec Werte für die H- und die D-Komponente abgelesen und in ein rechtwinkliges Koordinatensystem eingetragen, bei welchem die Achsen die Richtungen der beiden Komponenten darstellen. Auf diese Weise erhält man Horizontalvektogramme der pc's (s. Abb. 18), deren Umlaufsinn direkt aus der Darstellung zu ersehen ist. Für die 3-Stunden-Intervalle von 0 bis 15 Uhr UT wurden die Verhältnisse p_E der Anzahl der Fälle mit mathematisch negativem zu denen mit mathematisch positivem Umlaufsinn des Endpunktes des Horizontalvektors berechnet und in Abb. 19 dargestellt. Beachtet man die geringe Anzahl der untersuchten Fälle, so stimmen die Ergebnisse trotz des vermutlich hohen statistischen Fehlers der Einzelwerte mit denen der Abb. 17 qualitativ überein. Wieder zeigt sich, daß sich der Umlaufsinn im Horizontalvektogramm der pc's an den Stationen Wn, Gt und Fu von morgens nach mittags hin ändert.

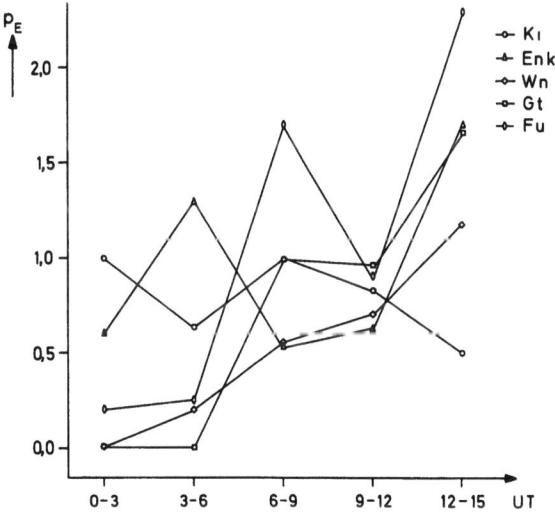

Abb. 19: Verhältnis p_E der Anzahl der Fälle mit mathematisch negativem zu denen mit positivem Umlaufsinn des Horizontalvektors von pc-Pulsatioen (Auswertung von Einzelschwingungen).

5. Vergleich der Beobachtungsergebnisse mit der Theorie von SIEBERT.

Die Auswertung mit Hilfe der statistischen Frequenzanalyse ergab für den lokalen Mittag breitenabhängige Perioden in der H-Komponente der pc's. Dies stimmt einerseits mit den Ergebnissen von VOELKER (Abb. 1, S. 6) überein, als auch andererseits mit den Aussagen der SIEBERTschen Theorie (vgl. Kap. 2, Spezialisierung I). Bei den Analysen der Registrierungen (Kap. 3) wurde jedoch keine Breitenabhängigkeit für die Schwingungsdauern der D-Komponente der Pulsationen gefunden. Nach Kapitel 2 kann es sich hierbei um von außen erzwungene Schwingungen in der D-Komponente handeln. Für die Zeit um den lokalen Morgen ist gemäß Spezialisierung II (Kap. 2) eine starke Anregung in der D-Komponente mit breitenunabhängigen Perioden zu erwarten, sofern es sich um erzwungene Schwingungen handelt. Dies wird durch die Auswertung der quadratischen Spektren bestätigt. Ferner können dann nach der Theorie auch in der H-Komponente dieselben Perioden vorherrschen wie in der D-Komponente. Auch dies trifft für die Beobachtungen zu. Eine weitere Deutungsmöglichkeit der Gleichheit der Perioden in der H- und der D-Komponente ergibt sich unter der Annahme, daß die Schwingungen in H auch von außen erzwungen sind. Außerdem sollte sich der Umlaufsinn des Horizontalvektors der pc's gegen Mittag umkehren. Für die Beobachtungen an Einzelschwingungen wie an 10-Minuten-Intervallen der pc's ist dies der Fall (Kap. 4). Nachdem diese qualitativen Übereinstimmungen der Auswerteergebnisse mit möglichen Folgerungen aus der Theorie gegeben sind, soll im folgenden ein quantitativer Vergleich angestellt werden.

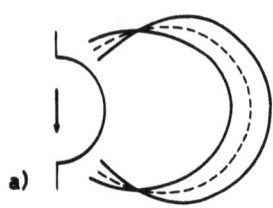
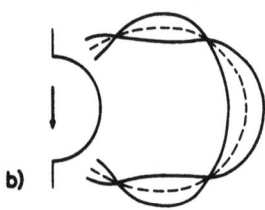
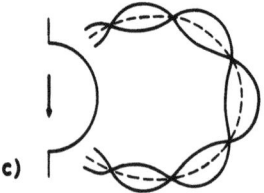

Abb. 20:
Schematische Darstellung der ersten drei symmetrischen meridionalen Eigenschwingungen (a, b, c) einer magnetosphärischen Plasma-Lamelle. Die Anregung dieser Schwingungsformen wird im Text näher erläutert. Der eingezeichnete Pfeil gibt die Richtung des Dipolmomentes der Erde an (nach SIEBERT [1965]).

Abb. 21-23: ⟶
Berechnete Periodenverteilung der ersten drei symmetrischen Eigenschwingungen (s. Abb. 20) in Abhängigkeit von der geomagnetischen Breite ψ des Schnittes einer Lamellen-Feldlinie mit der Erdoberfläche zur Deutung der gegen den lokalen Mittag beobachteten pc-Perioden in der H-Komponente (Strich-Kreuz-Linien) und der D-Komponente (ausgezogene Linien). Für die erste Eigenschwingung sind jeweils die in der H-Komponente beobachteten Perioden eingezeichnet (Punkte). Text siehe S. 30.

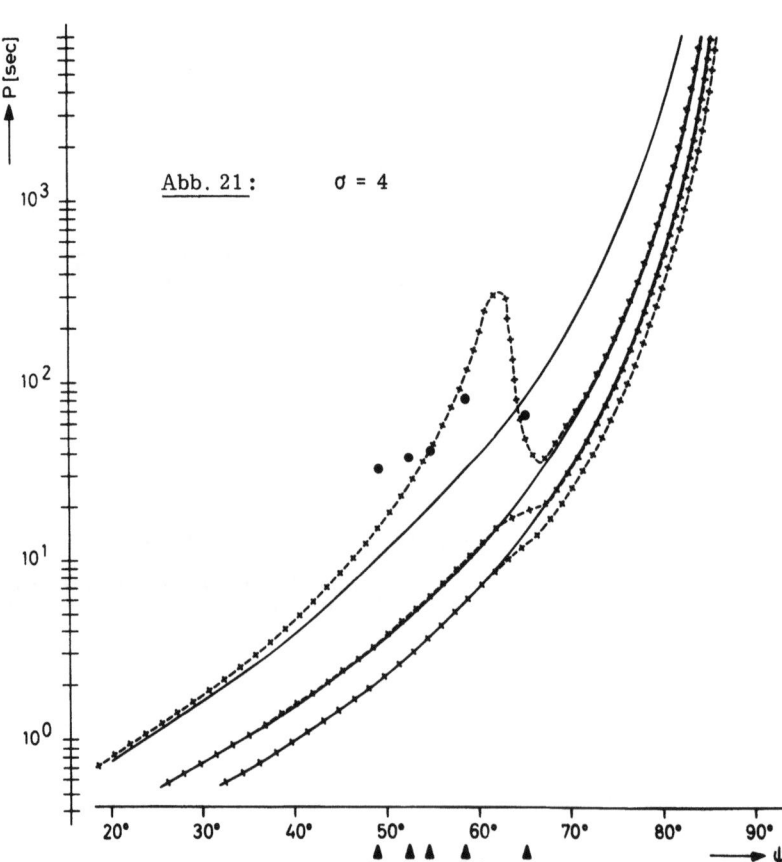

Abb. 21: $\sigma = 4$

Die quantitative Behandlung der Differentialgleichungen, welche die azimutalen und meridionalen Plasmaschwingungen in der Magnetosphäre für verschiedene Spezialisierungen des Anregungsmechanismus beschreiben, führt nach Anhang 4. auf die Lösung eines Eigenwertproblems vom Sturm-Liouvilleschen Typ. Aus den Eigenwerten λ lassen sich die Perioden P der hydromagnetischen Wellen gewinnen. In die Differentialgleichungen und damit in die Berechnung der Eigenwerte gehen nach (A 4.10), (A 4.6) und (A 4.11) die Plasma-Dichteverteilung $\rho_o(r)$ in einer Lamelle ein und die Plasmadichte $\rho_o(a)$ am unteren Ende der Lamelle. Die Plasma-Dichteverteilung $\rho_o(r)$ wird nach einem Potenzgesetz der Form

$$\rho_o(r) \propto r^{-\sigma}$$

angenommen, wobei r die geozentrische Entfernung längs einer erdmagnetischen Feldlinie bedeutet. Nach den in Kapitel 2 dargelegten Vorstellungen über den Zusammenhang zwischen Plasmabewegung und magnetischem Störungsvektor stimmen die Pulsationsperioden mit den Plasmaschwingungsdauern überein. Daher lassen die aus den λ-Werten berechneten Perioden und die beobachteten Perioden der pc's einen unmittelbaren Vergleich zu und damit die Prüfung einer sinnvollen Wahl der zwei freien Parameter $\rho_o(a)$ und σ.

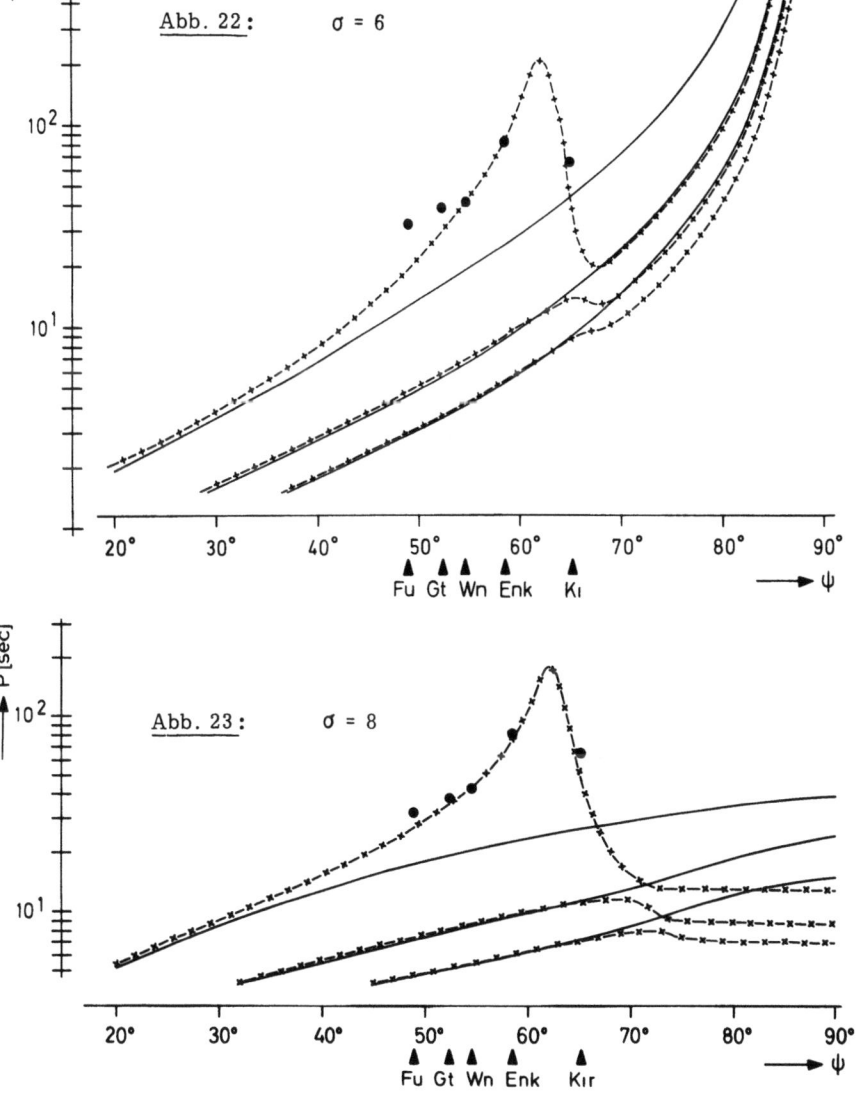

Allerdings ist nach den in Anhang 4. dargelegten Überlegungen vorerst nur die Differentialgleichung für die meridionale Plasmaschwingung (A 1.24) lösbar, da infolge fehlender Beobachtungen von pc's auf einem Ost-West-Profil noch keine sinnvollen Annahmen über eine azimutale Abhängigkeit von v_n und v_b gemacht werden können. Insbesondere ist es noch nicht möglich, geeignete Randbedingungen für die azimutale Erstreckung der Lamellen anzugeben. In Anhang 4. werden die Eigenwerte λ von (A 4.10) für die ersten drei zur Äquatorebene symmetrischen meridionalen Plasmaschwingungen mit Hilfe des Differenzverfahrens berechnet. Die zugehörigen Schwingungsformen sind in Abb. 20 schematisch dargestellt. Aus den Eigenwerten λ_i, $i = 1, 2, 3$, können nach (A 4.11) die Schwingungsperioden P_{H_i} berechnet werden. Der Index H bezeichnet die H-Komponente. Diese Perioden sind bis auf den Faktor $\rho_o(a)$ bestimmt und hängen nach Kapitel 2 von der geomagnetischen Breite ψ ab. Durch Anpassung von $P_{H_i}(\psi)$ für die geomagnetische Breite von Wn an die in

Wn beobachteten Perioden in der H-Komponente der pc's kann der Faktor $\rho_o(a)$ festgestellt werden. Damit sind dann auch die Perioden für alle anderen geomagnetischen Breiten eindeutig bestimmt. Die Abb. 21 bis 23 zeigen für verschiedene σ-Werte die berechneten Perioden der H-Komponente der pc's für die Grundschwingung und die ersten beiden Oberschwingungen. Ebenfalls eingetragen sind die Ergebnisse aus Kapitel 3 für die Perioden der H-Komponente der pc's (s. Tab. 4, S. 17). Da die azimutale Abhängigkeit von v_b und v_n nicht bekannt ist, kann für die azimutalen Plasmaschwingungen auch nur die Differentialgleichung (A 4.8) für freie Schwingungen gelöst werden. Für diesen Fall sind in die Abb. 21 bis 23 die berechneten Perioden der D-Komponente der pc's für die symmetrische Grundschwingung und deren erste beiden Oberschwingungen eingezeichnet.

Für die H-Komponente der pc's stimmen am besten die für $\sigma = 8$ berechneten Perioden P_{H_i} mit den beobachteten Werten überein. Eine gute Übereinstimmung zeigen die berechneten und beobachteten Perioden der pc's für Kiruna. Allerdings sind dort die pc's nicht so regelmäßig wie an den anderen Stationen. Außerdem ist es fraglich, ob das für die Plasmaschwingungen zugrunde gelegte Modell der Magnetosphäre auch für die geomagnetische Breite von Kiruna noch in allen Teilen zutrifft, da die Scheitelhöhe der erdmagnetischen Feldlinie für diese Station 6,3 a beträgt und schon sehr nahe an den gestörten Bereich des erdmagnetischen Feldes zwischen 7 a und 14 a geozentrischer Entfernung heranreicht. Für Enköping liegt der Periodenmittelwert von 80 sec auf der Kurve in Abb. 23. Man könnte vermuten, das zweite in Enköping auftretende Maximum der Spektraldichte der pc's in der H-Komponente bei 28 sec sei eine Harmonische der Schwingung mit der Periode von 80 sec. Nach dem hier angenommenen Plasma-Dichtegesetz hat jedoch die erste Oberschwingung eine Periode von 10 sec. Eine andere Erklärung für das Auftreten der pc's mit Perioden um 28 sec kann man geben, indem man den Einfluß eines plötzlichen Abfalls der Elektronendichte oberhalb von 3,5 a geozentrischer Entfernung anführt, wie er aus Whistlerbeobachtungen von CARPENTER [1963] bekannt ist. Dieser Sprung in der Elektronendichteverteilung befindet sich in der Scheitelhöhe der erdmagnetischen Feldlinie von Enköping. Mit zunehmender magnetischer Aktivität wird die geozentrische Entfernung dieses "Knies" in der Elektronendichteverteilung geringer und ein Teil der Feldlinie, die der Breite von Enköping entspricht, verläuft dann in Bereichen niedrigerer

Abb. 24: Vergleich der aus Whistler- und Pulsationsbeobachtungen indirekt erschlossenen Plasmadichteverteilungen ρ_o mit der Höhe z. Die punktierte Kurve stellt die Dichte der Ionenkomponente in der Ionosphäre dar (s. auch Erläuterungen im Text).

Plasmadichte als in magnetisch ruhigen Zeiten. Eine Verringerung der Plasmadichte ergibt nach (A 1.23) kürzere Pulsationsperioden. Da in den quadratischen Spektren aus Kapitel 3 (z.B. Abb. 45) in Enköping häufig Perioden um 80 sec und 28 sec vorherrschen, müßte sich in diesem Fall die geozentrische Entfernung des "Knies" innerhalb von 90 Minuten stark ändern, obwohl der Kp-Index nur 2 bis 4 beträgt. Für die Stationen Göttingen und Fürstenfeldbruck liegen in Abb. 23 die beobachteten Werte sehr dicht an den berechneten Werten der Perioden. Für die D-Komponente der pc's erhält man für den Fall freier azimutaler Plasmaschwingungen nach (A 4.8) breitenabhängige Perioden, während die beobachteten Perioden nach den Ergebnissen aus Kapitel 3 (s. Tab. 4, S. 21) keine Breitenabhängigkeit zeigen.

Eine Möglichkeit, die Richtigkeit des Wertes $\sigma = 8$ im Plasmadichtegesetz (A 4.9) zu prüfen, bieten die Ergebnisse, die aus Whistlerdaten für die Elektronendichteverteilung mit der Höhe gewonnen wurden. SIEBERT [1965] hat aus den Arbeiten über Whistlerbeobachtungen von ALLCOCK [1959], SMITH and HELLIWELL [1960] und MAEDA [1956] die höhenabhängigen Elektronenkonzentrationen umgerechnet in die entsprechenden Plasmadichteverteilungen. Diese Dichteprofile sind in Abb. 24 mit den Anfangsbuchstaben der Autoren gekennzeichnet. Gleichzeitig ist in diese Abbildung die aus Pulsationsbeobachtungen berechnete Plasmadichteverteilung für $\sigma = 8$ eingezeichnet (mit "r^{-8}" gekennzeichnet). Die von verschiedenen Autoren gewonnenen Plasmadichtewerte in Abb. 24 zeigen für bestimmte Höhen z Abweichungen bis zu einem Faktor 10 voneinander. Unterschiede zwischen diesen Dichteprofilen und der aus Pulsationsperioden erschlossenen Plasmadichteverteilung dürften zum Teil auf verschiedene Tageszeit zurückzuführen sein. Denn die Whistlerbeobachtungen erfolgen vorwiegend nachts und die Werte der daraus abgeleiteten Elektronendichtekonzentration gelten außerdem streng nur für die Scheitel der "Kanäle" in der geomagnetischen Äquatorebene. Die Pulsationsregistrierungen stammen dagegen aus der Zeit zwischen 3 bis 15 Uhr UT. Die Übereinstimmung beider auf verschiedenen Wegen gewonnener Plasmadichteverteilungen mit der Höhe ist angesichts dieser Tatsache als recht gut zu bezeichnen.

Summary

Geomagnetic pulsations recorded at Kiruna, Enköping, Wingst, Göttingen, and Fürstenfeldbruck were subjected to a power spectrum analysis. 90 minutes intervalls were selected for the analysis. The analysis indicates pulsations with latitude independent periods around local morning for both the H- as well as the D-component. Near local noon, however, the H-component of pc's displays latitude dependent periods, while the periods of the D-component are latitude independent. These results for the H-component of pc's agree with the results already obtained by VOELKER [1965] in his analysis of single vibrations of pc's.

The harmonic analysis of 10 minutes intervalls taken from the pc-registrations essentially conforms the above results. Furthermore, a dependence of the sense of rotation in the horizontal vectogram of the pc's on the time of day was found both by an analysis of the 10 minutes intervalls as well as the analysis of single vibrations.

The observations agree qualitatively with the theory of geomagnetic pulsations with latitude dependent periods due to SIEBERT [1965]. The eigen value problem encountered in this theory, which leads to latitude dependent periods in the vibrations of the H-component of pc's, was solved numerically. Comparison of these calculated values with the observed values of the periods of the H-component yielded the altitude dependence of the plasma density in the magnetosphere. The plasma density distribution found was compared with results obtained from whistler observations. The comparison indicates that the agreement is satisfactory, considering the imperfections of the magnetospheric model used.

6. Zusammenfassung

Aus den Registrierungen der erdmagnetischen Pulsationen an den Stationen Kiruna, Enköping, Wingst, Göttingen und Fürstenfeldbruck wurden 90-Minuten-Intervalle ausgewählt und mit Hilfe der statistischen Frequenzanalyse untersucht. Für die Zeit um den lokalen Morgen erhält man sowohl für die H- als auch für die D-Komponente Pulsationen mit breitenunabhängigen Perioden. Dagegen weist für den lokalen Mittag die H-Komponente der pc's breitenabhängige, die D-Komponente jedoch wiederum breitenunabhängige Perioden auf. Diese Beobachtungsergebnisse für die H-Komponente der pc's stimmen mit den Aussagen überein, die VOELKER [1965] bereits bei der Auswertung von Einzelschwingungen der pc's gewonnen hat.

Die Auswertung von 10-Minuten-Intervallen aus den pc-Registrierungen mittels harmonischer Analyse bestätigt im wesentlichen die obigen Ergebnisse. Gleichzeitig wurde sowohl durch Analyse der 10-Minuten-Intervalle wie auch durch Auswertung von Einzelschwingungen eine Abhängigkeit des Umlaufsinnes im Horizontalvektogramm der pc's von der Tageszeit gefunden.

Die Beobachtungen stimmen mit Aussagen der Theorie von SIEBERT [1965] über erdmagnetische Pulsationen mit breitenabhängigen Perioden qualitativ überein. Das in dieser Theorie aufgestellte Eigenwertproblem, das auf Schwingungen der H-Komponente der pc's mit breitenabhängigen Perioden führt, wurde numerisch gelöst. Durch Vergleich der so berechneten mit den beobachteten Werten für die Perioden der H-Komponente wurde auf die Plasmadichteverteilung mit der Höhe in der Magnetosphäre geschlossen. Das gefundene Plasmadichtegesetz wurde mit Ergebnissen aus Whistlerbeobachtungen verglichen. Dabei zeigte sich, daß die Übereinstimmung in Anbetracht der Unvollkommenheit des benutzten Modells für die Magnetosphäre recht befriedigend ist.

Meines Lehrers, Herrn Professor Dr. J. Bartels, gedenke ich in Dankbarkeit.

Mein besonderer Dank gilt Herrn Dr. M. Siebert, der mir bei der Ausführung dieser Arbeit jede mögliche Unterstützung gewährte und mit vielen Anregungen weiterhalf.

Den Direktoren des Instituts für Stratosphärenphysik am Max-Planck-Institut für Aeronomie, Herrn Professor Dr. A. Ehmert und Herrn Professor Dr. G. Pfotzer, danke ich für die Möglichkeit, diese Arbeit an ihrem Institut beenden zu können.

Herrn Dr. O. Wegner, der für mich sämtliche Kovarianzfunktionen berechnete, und dem Direktor des Instituts für Geophysik und Meteorologie der TH Braunschweig, Herrn Professor Dr. W. Kertz, an dessen Institut diese Berechnungen durchgeführt wurden, sei an dieser Stelle herzlich gedankt.

Mein Dank gilt auch dem Ev. Studienwerk Villigst, das mich durch ein Stipendium aus der Stiftung Volkswagenwerk unterstützte.

Den folgenden Observatorien danke ich für die freundliche Überlassung von Pulsationsregistrierungen:

Geofysiska Observatorium Kiruna
Kungl. Sjöfartsstyrelsen Stockholm
Erdmagnetisches Observatorium Wingst
Erdmagnetisches Observatorium Fürstenfeldbruck

Anhang 1

Zusammenstellung einiger Formeln aus der Theorie von SIEBERT.

Wie in Kapitel 2 angegeben, geht SIEBERT [1965] von der Gleichung einer ungedämpften hydromagnetischen Welle in einem praktisch ideal leitenden Medium aus. Diese Gegebenheiten sind in der Magnetosphäre hinreichend gut erfüllt. Die entsprechende Wellengleichung hat die Form:

$$\mathbf{t} \times (\mathbf{t} \times \operatorname{rot} \operatorname{rot} \boldsymbol{\mathcal{E}}) = \frac{1}{V^2} \frac{\partial^2 \boldsymbol{\mathcal{E}}}{\partial t^2} \qquad \text{A 1.1 (S 5.1)}$$

Dabei sind $\boldsymbol{\mathcal{E}}$ die elektrische Feldstärke, V die Alfvéngeschwindigkeit, $\mathbf{t}$ der Tangentenvektor an das ungestörte Magnetfeld, $\boldsymbol{\mathcal{F}} = |\boldsymbol{\mathcal{F}}|\mathbf{t}$ das ungestörte Magnetfeld und t die Zeit. (Die in Klammern angegebene Numerierung der Gleichungen bezieht sich auf die Numerierung der entsprechenden Gleichungen in der Arbeit von SIEBERT [1965], da hier nicht alle in Zusammenhang mit diesen Gleichungen auftretenden Fragen erörtert werden können.) Die zu $\mathbf{t}$ normale Richtung wird mit $\mathbf{n}$ und die binormale mit $\mathbf{b}$ bezeichnet. Nach SIEBERT wird die partielle Differentialgleichung (A 1.1) für ein Koordinatensystem geschrieben, das die Feldlinien jeweils als Dreibein $\mathbf{t}, \mathbf{n}, \mathbf{b}$ begleitet. Mit dieser Methode erreicht man eine wesentliche Verringerung des Rechenaufwandes gegenüber einer sofortigen Transformation in Kugel- oder gar in Dipolkoordinaten. Man kann (A 1.1) für die Komponenten der Vektorgrößen schreiben, dann den Beobachtungen angepaßte Spezialisierungen für diese einführen und zum Schluß auf Kugelkoordinaten transformieren. Zunächst werden alle auftretenden Vektoren in ihre zu den Feldlinien tangentiale, normale und binormale Komponente zerlegt. Für die elektrische Feldstärke ist

$$\boldsymbol{\mathcal{E}} = [E_t, E_n, E_b]. \qquad \text{A 1.2}$$

Die Indizes bezeichnen die Richtungen. Aufgrund des Vektorproduktes mit $\mathbf{t}$ kann die linke Seite von (A 1.1) keine Tangentialkomponente von $\boldsymbol{\mathcal{E}}$ enthalten:

$$E_t = 0. \qquad \text{A 1.3}$$

Nimmt man an, daß die Plasmageschwindigkeit $\mathbf{v}$, das magnetische Störungsfeld $\mathbf{f}$ und das elektrische Feld $\boldsymbol{\mathcal{E}}$ mit der Kreisfrequenz ω periodisch sind,

$$\mathbf{v}, \mathbf{f}, \boldsymbol{\mathcal{E}} \sim e^{i\omega t}, \qquad \text{A 1.4}$$

so erhält man die beiden folgenden partiellen Differentialgleichungen:

$$\frac{\partial^2 E_n}{\partial s_1^2} + \frac{\partial^2 E_n}{\partial s_3^2} - \frac{\partial^2 E_b}{\partial s_3 \partial s_2} - \eta \frac{\partial E_b}{\partial s_1} + \varepsilon \frac{\partial E_b}{\partial s_3} - \left(\frac{\partial \eta}{\partial s_1} + \delta \eta - \varepsilon \varkappa - \frac{\omega^2}{V^2} \right) E_n = 0 \qquad \text{A 1.5 (S 5.5)}$$

$$\frac{\partial^2 E_b}{\partial s_1^2} + \frac{\partial^2 E_b}{\partial s_2^2} - \frac{\partial^2 E_n}{\partial s_2 \partial s_3} - \eta \frac{\partial E_b}{\partial s_1} - (\varkappa + \varepsilon) \frac{\partial E_b}{\partial s_2} + \varkappa \frac{\partial E_n}{\partial s_3} - \left(\delta^2 + \varepsilon^2 - \frac{\omega^2}{V^2} \right) E_b = 0. \qquad \text{A 1.6 (S 5.6)}$$

A.1

Die Operatoren $\partial/\partial s_\nu$ sind Operatoren der Richtungsdifferentiation, den Indizes $\nu = 1, 2, 3$, entsprechen die Richtungen t, n, b. Die Größen $\delta, \epsilon, \varkappa$ und η sind Strukturgrößen, deren Art und Größe vom Dipolcharakter des erdmagnetischen Feldes bestimmt werden (siehe SIEBERT [1965], Gleichungen (A 4.58 a, b) und (A 4.59 a, b)). Eine Spezialisierung von (A 1.5) und (A 1.6) läßt sich dadurch einführen, daß man Annahmen über die relativen Größen der Komponenten der Plasmageschwindigkeit zueinander macht. Die Abschätzungen werden auf Grund der Vorstellungen über den Anregungsmechanismus für die pc's vorgenommen, der in Kapitel 1 besprochen wird. Die Konsequenzen, die aus diesen Spezialisierungen von (A 1.5) und (A 1.6) für das Verhalten des magnetischen Störungsvektors folgen, können dann auf ihre Übereinstimmung mit den Beobachtungsergebnissen hin geprüft werden. Zwischen den Größen $\mathcal{E}$ und v gelten nach dem verallgemeinerten Ohmschen Gesetz die folgenden Beziehungen:

$$E_n = -\frac{v_b}{c} F \quad ; \quad E_b = \frac{v_n}{c} F \qquad \text{A 1.7, A 1.8} \quad (\text{S 5.7 a, b})$$

$$\frac{\partial E_n}{\partial s_1} = -\frac{F}{c}\left(\frac{\partial v_b}{\partial s_1} + \eta v_b\right) \quad ; \quad \frac{\partial E_b}{\partial s_1} = \frac{F}{c}\left(\frac{\partial v_n}{\partial s_1} + \eta v_n\right) \qquad \text{A 1.9, A 1.10} \quad (\text{S 5.9 a, b})$$

$$\frac{\partial E_n}{\partial s_2} = -\frac{F}{c}\left(\frac{\partial v_b}{\partial s_2} + \varkappa v_b\right) \quad ; \quad \frac{\partial E_b}{\partial s_2} = \frac{F}{c}\left(\frac{\partial v_n}{\partial s_2} + \varkappa v_n\right) \qquad \text{A 1.11, A 1.12} \quad (\text{S 5.10 a, b})$$

$$\frac{\partial E_n}{\partial s_3} = -\frac{F}{c}\frac{\partial v_b}{\partial s_3} \quad ; \quad \frac{\partial E_b}{\partial s_3} = \frac{F}{c}\frac{\partial v_n}{\partial s_3} \quad . \qquad \text{A 1.13, A 1.14} \quad (\text{S 5.11 a, b})$$

Mit
$$\frac{\partial \mathcal{J}}{\partial t} = -c \, \text{rot} \, \mathcal{E} \qquad \text{A 1.15}$$

läßt sich auch der Zusammenhang zwischen $\mathcal{J}$ und v komponentenweise angeben:

$$h_t = \frac{iF}{\omega}\left(\frac{\partial v_n}{\partial s_2} + \frac{\partial v_b}{\partial s_3} + (\varkappa - \epsilon) v_n\right) \qquad \text{A 1.16} \quad (\text{S 5.12 a})$$

$$h_n = -\frac{iF}{\omega}\left(\frac{\partial v_n}{\partial s_1} + (\eta + \delta) v_n\right) \qquad \text{A 1.17} \quad (\text{S 5.12 b})$$

$$h_b = -\frac{iF}{\omega}\left(\frac{\partial v_b}{\partial s_1} - \delta v_b\right) \quad . \qquad \text{A 1.18} \quad (\text{S 5.12 c})$$

Die Komponenten des magnetischen Störungsvektors in der Meridianebene sind gegeben durch h_t und h_n. Sie stellen im wesentlichen die H-Komponente der Pulsationen dar (unter Vernachlässigung der Z-Komponente), während die azimutale magnetische Störung und damit die D-Komponente durch h_b angegeben wird. Die azimutalen und meridionalen Schwingungen sind über den Term $\partial v_b/\partial s_3$ gekoppelt. Für die Gleichungen (A 1.5) und (A 1.6) kann man die zwei folgenden Spezialisierungen vornehmen:

I. Nimmt man für die lokale Mittagszeit ein nahezu senkrechtes Auftreffen des solaren Windes und damit der äußeren Störungen auf die Lamellen und nur eine geringe azimutale Abhängigkeit der Plasmabewegung an, so ergeben sich folgende Bedingungen:

$$|v_n| \gg |v_b| \qquad \text{A 1.19}$$

$$\left|\frac{\partial v_n}{\partial s_1}\right| \gg \left|\frac{\partial v_b}{\partial s_1}\right| \quad ; \quad \left|\frac{\partial v_n}{\partial s_3}\right| \gg \left|\frac{\partial v_b}{\partial s_3}\right| \; . \qquad \text{A 1.20, A 1.21}$$

Nach Abschätzungen von SIEBERT sind die Lamellen auch an ihren dicksten Stellen noch sehr klein gegen die Wellenlänge der Schwingungen. Die Änderungen der Plasmageschwindigkeit können daher auf einem Lamellenquerschnitt senkrecht zum erdmagnetischen Feld als vernachlässigbar klein angesehen werden:

$$\frac{\partial v_n}{\partial s_2} = 0 \quad ; \quad \frac{\partial v_b}{\partial s_2} = 0 \; . \qquad \text{A 1.22}$$

Schreibt man (A 1.5) und (A 1.6) für die Komponenten von $\wp$ um und berücksichtigt gleichzeitig (A 1.19) und (A 1.20, A 1.21) sowie (A 1.22) und (A 1.23), so erhält man mit

$$k = \frac{V}{\omega} \qquad \text{A 1.23}$$

die Differentialgleichungen

$$\frac{\partial}{\partial s_1}\left(F \frac{v_n}{s_1}\right) + (k^2 + \varkappa^2 + (\eta + \delta)^2 - \varepsilon^2)\, F v_n = 0 \qquad \begin{array}{l}\text{A 1.24}\\(\text{S 5.19})\end{array}$$

$$\frac{\partial}{\partial s_1}\left(F \frac{\partial v_b}{\partial s_1}\right) + F(\varkappa - \varepsilon)\frac{\partial v_n}{\partial s_3} + (k^2 - \delta\eta + \varepsilon\varkappa)\, F v_b = 0. \qquad \begin{array}{l}\text{A 1.25}\\(\text{S 5.18})\end{array}$$

Der zu (A 1.24) gehörige magnetische Störungsvektor hat die Komponenten h_t und h_n. Diese homogene Differentialgleichung gibt die freien Schwingungen der H-Komponente der Pulsationen mit breitenabhängigen Perioden wieder. Die Schwingung selbst wird beschrieben durch

$$\mathcal{E} = (0, 0, E_b) \quad ; \quad \mathcal{H} = (h_t, h_n, 0) \; ; \; \wp = (0, v_n, 0) \; . \qquad \text{A 1.26}$$

Das zu (A 1.25) gehörige magnetische Störungsfeld ist h_b, weil das Glied mit $\partial v_b / \partial s_3$ in (A 1.16) vernachlässigbar klein ist. (A 1.25) führt also auf Schwingungen der D-Komponente der Pulsationen. Diese Schwingung wird beschrieben durch

$$\mathcal{E} = (0, E_n, 0) \quad ; \quad \mathcal{H} = (0, 0, h_b) \; ; \; \wp = (0, 0, v_b) \; . \qquad \text{A 1.27}$$

Durch den Term $\partial v_n / \partial s_3$ wird (A 1.25) zu einer inhomogenen Differentialgleichung. Man erhält als Schwingungsformen einen der folgenden drei möglichen Grenzfälle:

a) Herrschen von außen erzwungene Plasmaschwingungen vor, so ist mit gleichen Pulsationsperioden in der D-Komponente zu rechnen.

b) Kommt es durch das Kopplungsglied $\partial v_n / \partial s_3$ zu erzwungenen azimutalen Plasmaschwingungen, so treten in der D-Komponente breitenabhängige Perioden auf, deren Schwingungsdauern aber mit denjenigen der H-Komponente identisch sind.

c) Falls $\partial v_n / \partial s_3$ vernachlässigbar klein ist, führt die azimutale Plasmabewegung freie Schwingungen aus. Für die D-Komponente der Pulsationen folgen daraus breitenabhängige Perioden, die jedoch nicht mit denjenigen der H-Komponente identisch sind.
Im allgemeinen kann eine Kombination der drei Fälle auftreten.

II. Nimmt man für die lokale Morgenzeit eine starke azimutale Abhängigkeit der Plasmabewegungen an und ein seitliches Auftreffen des solaren Windes auf die Lamellen in der Äquatorebene, so ergeben sich die folgenden Bedingungen:

$$|v_b| \gg |v_n| \qquad \text{A 1.28}$$

$$\left|\frac{\partial v_b}{\partial s_3}\right| \gg \left|\frac{\partial v_n}{\partial s_3}\right| \quad ; \quad \left|\frac{\partial v_b}{\partial s_1}\right| \gg \left|\frac{\partial v_n}{\partial s_1}\right| . \qquad \text{A 1.29, A 1.30}$$

Führt man diese Spezialisierung für (A 1.5) und (A 1.6) ein unter Berücksichtigung von (A 1.22) und (A 1.23), so erhält man:

$$\frac{\partial}{\partial s_1} \left(F \frac{\partial v_n}{\partial s_1} \right) + \left[k^2 + (\eta + \delta)^2 + \varkappa^2 - \epsilon^2 \right] F v_n = 0 \qquad \text{A 1.31}$$

$$\frac{\partial}{\partial s_3} \left(F \frac{\partial v_b}{\partial s_3} \right) + (\varkappa - \epsilon) F \frac{\partial v_n}{\partial s_3} + \left[k^2 + \epsilon\varkappa - \delta\eta \right] F v_b = 0 . \qquad \text{A 1.32}$$

Der zu (A 1.31) gehörige magnetische Störungsvektor wird durch h_t und h_n beschrieben. Er stimmt (A 1.31) mit (A 1.24) überein. Man erhält also wieder breitenabhängige Perioden in der H-Komponente der Pulsationen. Die azimutale Plasmabewegung (A 1.32) kann über das Kopplungsglied $\partial v_n / \partial s_3$ durch die meridionale Bewegung beeinflußt werden. Man erhält dann wieder die drei Grenzfälle wie bei Spezialisierung I. Allerdings ist das Kopplungsglied in diesem Fall nach (A 1.29) sehr klein. Die Schwingung selbst wird beschrieben durch

$$\mathcal{E} = (0, E_n, 0) \quad ; \quad \mathcal{J} = (h_t, 0, h_b) \quad ; \quad \mathcal{v} = (0, 0, v_b) . \qquad \text{A 1.33}$$

Da nach (A 1.29) vorausgesetzt wurde, daß $|v_b| \gg |v_n|$ ist, tritt bei dieser Plasmabewegung, wie Gleichung (A 1.16) zeigt, auch ein starker Anteil in der H-Komponente auf. Dabei ist zu erwarten, daß die breitenabhängigen Perioden in der H-Komponente klein sind gegenüber den Schwingungen, welche durch die azimutale Plasmabewegung in der H-Komponente verursacht werden. Dann werden beide Komponenten an den einzelnen Stationen übereinstimmende Perioden zeigen.

Der magnetische Störungsvektor wird durch seine Komponenten H und D oder entsprechend durch h_t und h_n bzw. durch h_b dargestellt. Die Richtung, aus welcher der solare Wind bezüglich einer festen Beobachtungsstation kommt, ändert sich im Laufe des Tages von Ost nach West. Demgemäß wechselt auch das Vorzeichen von v_b von den Morgenstunden zu den Nachmittagsstunden und damit auch das Vorzeichen von h_b (nach A 1.18). In einem aus den Schwingungen der H- und der D-Komponente zusammengesetzten Vektogramm wird sich daher mit dem Vorzeichen von D auch der Umlaufsinn ändern.

Anhang 2

Zusammenstellung einiger Formeln zur statistischen Frequenzanalyse

Die folgende Darstellung lehnt sich in ihrer Bezeichnungsweise im wesentlichen an das Buch von BLACKMAN and TUKEY [1958] an.

Die Autokorrelationsfunktion einer im Zeitbereich $-\infty \leq t \leq \infty$ kontinuierlichen Zeitfunktion $x(t)$ ist definiert durch

$$K(\tau) = \lim_{T \to \infty} \frac{1}{T} \int_{-T/2}^{+T/2} x(t)\, x(t+\tau)\, dt. \qquad \text{A 2.1}$$

Existiert $K(\tau)$ für alle τ mit $-\infty \leq \tau \leq \infty$, d.h. ist

$$\lim_{T \to \infty} \frac{1}{T} \int_{-T/2}^{+T/2} x(t)\, x(t+\tau)\, dt < \infty, \qquad \text{A 2.2}$$

so läßt sich nach dem Wiener-Theorem die Fouriertransformierte von $K(\tau)$

$$\int_{-\infty}^{+\infty} K(\tau)\, e^{-i\omega\tau}\, d\tau = S(\nu) \qquad \text{A 2.3}$$

bilden, wobei $2\pi\nu = \omega$ ist. $S(\nu)$ wird das quadratische Spektrum pro Frequenzintervall genannt. Ist $K(\tau)$ nur an diskreten Punkten $q\Delta\tau$ mit $q = 0, \pm 1, \pm 2, \pm 3, \ldots$ bekannt, so lassen sich diese diskreten Werte von $K(\tau)$ darstellen durch

$$K(q\Delta\tau) = \delta(\tau - q\Delta\tau)\, K(\tau). \qquad \text{A 2.4}$$

Dabei ist $\delta(\tau - q\Delta\tau)$ die Diracsche Deltafunktion.

Das (A 2.3) entsprechende Fourierintegral der diskontinuierlichen Funktion $K(q\Delta\tau)$ ist dann

$$\int_{-\infty}^{+\infty} \left[\nabla(\tau, \Delta\tau)\, K(\tau)\right] e^{-i\omega\tau}\, d\tau = F(\nu, \frac{1}{\Delta\tau}) * S(\nu), \qquad \text{A 2.5}$$

wobei die Abkürzung $\nabla(\tau, \Delta\tau) = \Delta\tau \sum_{q=-\infty}^{+\infty} \delta(\tau - q\Delta\tau)$ \qquad A 2.6

einen unendlichen Dirac-Kamm darstellt, und

$$\int_{-\infty}^{+\infty} \nabla(\tau, \Delta\tau)\, e^{-i\omega\tau}\, d\tau = \sum_{q=-\infty}^{+\infty} \delta\left(\nu - \frac{q}{\Delta\tau}\right) = F\left(\nu, \frac{1}{\Delta\tau}\right) \text{ ist.} \qquad \text{A 2.7}$$

A.2

Die Faltung auf der rechten Seite der Gleichung (A 2.5) läßt sich auch wiedergeben in der Form

$$F(\nu, \frac{1}{\Delta\tau}) * S(\nu) = \sum_{q=-\infty}^{+\infty} S(\nu - \frac{q}{\Delta\tau}) \equiv S_a(\nu). \qquad \text{A 2.8}$$

Das Spektrum der diskontinuierlichen Autokovarianzfunktion wird durch eine Reihe der Spektralkoeffizienten

$$S_a(\nu) = S(\nu) + S(\nu + 2\nu_{Ny}) + S(\nu - 2\nu_{Ny}) + S(\nu + 4\nu_{Ny}) + S(\nu - 4\nu_{Ny}) + \ldots \qquad \text{A 2.9}$$

mit $\nu_{Ny} = 1/2\,\Delta\tau$ dargestellt, wobei ν_{Ny} die Faltungs- oder "Nyquist"-frequenz ist. Die Spektralkoeffizienten in (A 2.9) können sich zum Teil überlappen und (A 2.8) gibt dann das wahre Spektrum verzerrt wieder. Unter der Bedingung, daß das wahre quadratische Spektrum nur Frequenzen ν mit

$$|\nu| \leq |\nu_{Ny}| \qquad \text{A 2.10}$$

enthält, stellt $S(\nu)$ in Gleichung (A 2.9) das wahre quadratische Spektrum dar, und die Seitenbänder $S(\nu + 2\nu_{Ny})$, $S(\nu - 2\nu_{Ny})$ usw. bilden nur eine Wiederholung von $S(\nu)$. Sie werden "Aliases" genannt. Für den Fall, daß (A 2.10) gilt, wird für das Folgende die Definition

$$S_A(\nu) = \begin{cases} S_a(\nu) & \text{für } |\nu| \leq |\nu_{Ny}| \\ 0 & \text{für } |\nu| > |\nu_{Ny}| \end{cases} \qquad \text{A 2.11}$$

eingeführt.

Ist die Funktion $x(t)$ nur im Bereich $-\infty < T_n < \infty$ bekannt, so läßt sich statt der wahren Autokovarianzfunktion $K(\tau)$ nur eine angenäherte Autokovarianzfunktion $\tilde{K}(\tau)$ berechnen:

$$\tilde{K}(\tau) = \frac{1}{T_n} \int_{-T_n/2}^{+T_n/2} x(t)\, x(t+\tau)\, dt. \qquad \text{A 2.12}$$

$\tilde{K}(\tau)$ ist dann nur für Werte

$$0 < |\tau| \leq |T_m| < |T_n| \qquad \text{A 2.13}$$

definiert. Der Mittelwert $\overline{[\tilde{K}(\tau)]}$ aller $\tilde{K}(\tau)$ ist nach BLACKMAN and TUKEY [1958] gleich dem Wert der wahren Autokovarianzfunktion $K(\tau)$, falls die Zufallseigenschaften der Zeitfunktion unabhängig vom Nullpunkt der Zeitskala sind, d.h. falls es sich um einen stationären Prozess handelt, und falls die Ergodenhypothese gilt. Mit Hilfe von $\tilde{K}(\tau)$ läßt sich dann auch nur ein Schätzwert des wahren quadratischen Spektrums der Funktion $x(t)$ angeben. Ist $\tilde{K}(\tau)$ nur an äquidistanten diskreten Punkten $q\Delta\tau$ bekannt, mit $q = 0, \pm 1, \pm 2, \pm 3, \pm 4, \ldots \pm m$ und $m\Delta\tau = T_m$, so erhält man für diesen Schätzwert des quadratischen Spektrums

$$\tilde{S}\left(\frac{r}{2m\Delta\tau}\right) = \hat{e}\,\Delta\tau \sum_{q=-m}^{+m} \tilde{K}(q\Delta\tau) \cos\frac{q r \pi}{m} \qquad \text{A 2.14}$$

$$\hat{e} = \begin{cases} 1 & \text{für } q < m, \\ 1/2 & \text{für } q = m. \end{cases}$$

Aus (A 2.14) folgt, daß $\tilde{S}(\frac{r}{2m\Delta\tau})$ die Dimension einer Energie pro Frequenzintervall hat, bzw. für erdmagnetische Pulsationen in $\gamma^2/\Delta\nu$ angegeben wird.

Es interessiert der Zusammenhang zwischen dem w a h r e n quadratischen Spektrum von x(t) und seinem Schätzwert aus (A 2.14). Mit

$$\overline{[\tilde{K}(\tau)]} = K(\tau) \qquad \text{A 2.15}$$

hat man eine Beziehung zwischen der angenäherten und der wahren Autokovarianzfunktion. Wegen der Endlichkeit des Intervalles T_m läßt sich von $\tilde{K}(\tau)$ zunächst keine Fouriertransformierte nach Art von (A 2.3) bilden. Man muß daher $\tilde{K}(\tau)$ über $|\tau| = |T_m|$ hinaus fortsetzen. Geeignet dazu ist jede gerade Funktion $D_i(\tau)$ von τ mit folgenden Eigenschaften:

$$D_i(\tau) = \begin{cases} 1 & \text{für } \tau = 0 \\ 0 & \text{für } |\tau| > T_m \end{cases} \qquad \text{A 2.16}$$

Der Index i des Retardierungsfensters $D_i(\tau)$ hängt von der Form der Funktion $D_i(\tau)$ ab.

Es gilt dann

$$\overline{[D_i(\tau) \cdot \tilde{K}(\tau)]} = D_i(\tau) K(\tau), \qquad \text{A 2.17}$$

und man erhält mit

$$\int_{-\infty}^{+\infty} D_i(\tau) e^{-i\omega\tau} d\tau = Q_i(\nu)$$

analog zu (A 2.3)

$$\int_{-\infty}^{+\infty} D_i(\tau) K(\tau) e^{-i\omega\tau} d\tau = S(\nu) * Q_i(\nu). \qquad \text{A 2.18}$$

Sind die Werte $\tilde{K}(\tau)$ nur an äquidistanten diskreten Punkten $q\Delta\tau$ bekannt, so ist die Fouriertransformierte von (A 2.17)

$$\int_{-\infty}^{+\infty} \nabla(\tau, \Delta\tau) \overline{[D_i(\tau)\tilde{K}(\tau)]} e^{-i\omega\tau} d\tau = \overline{\left[\tilde{S}\left(\frac{r}{2m\Delta\tau}\right)\right]}, \qquad \text{A 2.19}$$

wobei $\overline{\left[\tilde{S}\left(\frac{r}{2m\Delta\tau}\right)\right]}$ auch in den folgenden Formen geschrieben werden kann:

$$\overline{\left[\tilde{S}\left(\frac{r}{2m\Delta\tau}\right)\right]} = \left[F\left(\nu, \frac{1}{\Delta\nu}\right) * Q_i(\nu) * S(\nu)\right]_{\nu = \frac{r}{2m\Delta\tau}}$$

$$\overline{\left[\tilde{S}\left(\frac{r}{2m\Delta\tau}\right)\right]} = \left[Q_i(\nu) * \sum_{q=-\infty}^{+\infty} S\left(\nu - \frac{q}{\Delta\tau}\right)\right]_{\nu = \frac{r}{2m\Delta\tau}}$$

$$\overline{\left[\tilde{S}\left(\frac{r}{2m\Delta\tau}\right)\right]} = \left[\int_{-\infty}^{+\infty} Q_i(\nu - \hat{\nu}) \sum_{q=-\infty}^{+\infty} S\left(\hat{\nu} - \frac{q}{\Delta\tau}\right) d\hat{\nu}\right]_{\nu = \frac{r}{2m\Delta\tau}} \qquad \text{A 2.20}$$

Ist die Bedingung (A 2.10) erfüllt, dann wird A 2.20 zu

$$\overline{\left[\tilde{S}\left(\frac{r}{2m\Delta\tau}\right)\right]} = \int_{-\nu_{NY}}^{+\nu_{NY}} Q_i\left(\frac{r}{2m\Delta\tau} - \hat{\nu}\right) S_A(\hat{\nu}) d\hat{\nu} \qquad \text{A 2.21}$$

Der mittlere Schätzwert des quadratischen Spektrums kann somit angesehen werden als geglätteter Näherungswert des wahren quadratischen Spektrums, wobei die Glättung über das Frequenzintervall $-\nu_{Ny} \leq \hat{\nu} \leq \nu_{Ny}$ mit Gewichten proportional zu $Q_i(\nu-\hat{\nu})$ durchgeführt wird. Die Güte der Approximation von $[\tilde{S}(\frac{r}{2m\Delta\tau})]$ an $S(\frac{r}{2m\Delta\tau})$ hängt von der Art des Spektralfensters $Q_i(\nu-\hat{\nu})$ ab. Wählt man der Einfacheit halber das Retardierungsfenster

$$D_o(\tau) = \begin{cases} 1 & \text{für } |\tau| < T_m \\ 1/2 & \text{für } |\tau| = T_m \\ 0 & \text{für } |\tau| > T_m \end{cases} \qquad A\,2.22$$

so hat das zugehörige Spektralfenster

$$Q_o(\nu) = \int_{-\infty}^{+\infty} D_o(\tau)\, e^{-i\omega\tau}\, d\tau \qquad A\,2.23$$

die Form von $(\sin\alpha)/\alpha$ mit einem Maximum bei $\nu = 0$ und kleineren Seitenbändern bei $\nu = \pm 3/8\,T_m$, $\pm 5/8\,T_m$.... Dieses Spektralfenster verzerrt das Spektrum durch seine relativ großen und negativen Seitenbänder (vgl. Abb. 2, S. 10). Ein geeigneteres Spektralfenster wird nach von HANN benannt:

$$D_2(\tau) = \tfrac{1}{2}(1 + \cos\tfrac{\pi\tau}{T_m}) \qquad A\,2.24$$

$$Q_2(\nu) = \tfrac{1}{2} Q_o(\nu) + \tfrac{1}{4}\left[Q_o(\nu + \tfrac{1}{2T_m}) + Q_o(\nu - \tfrac{1}{2T_m})\right] \qquad A\,2.25$$

Abb. 3 (vgl. S. 11) zeigt das Hann-Spektralfenster. Nach (A 2.25) ist das spektrale Auflösungsvermögen proportional zu T_m.

Die berechneten Werte $\tilde{S}(\frac{r}{2m\Delta\tau})$ sind nur Schätzwerte des wahren quadratischen Spektrums. Es lassen sich aber Aussagen machen über die Größe des Intervalles, in welchem die Werte $\tilde{S}(\frac{r}{2m\Delta\tau})$ um den Wert $S(\frac{r}{2m\Delta\tau})$ liegen. Da die nach (A 2.14) berechneten Spektraldichtewerte als Stichprobe aus einem unendlich großen Kollektiv betrachtet werden können, streuen sie um den Mittelwert $\overline{[\tilde{S}(\frac{r}{2m\Delta\tau})]} = M_{\tilde{S}}$ und besitzen das mittlere Streuungsquadrat $m^2_{\tilde{S}}$. Die Schwankungen positiver Schätzwerte kann man durch einen Vergleich mit einer χ^2-Verteilung angeben. Für eine χ^2-Verteilung gilt:

$$k = \frac{2 \cdot (\text{Mittelwert})^2}{\text{Varianz}} \qquad A\,2.26$$

"k" nennt man die Zahl der Freiheitsgrade.

Zerlegt man eine Beobachtungsreihe in eine größere Anzahl gleich langer Bereiche, so kann man aus jedem Bereich Schätzwerte für die Kovarianzfunktion $K(\tau)$ und das quadratische Spektrum $S(\nu)$ der gesamten Beobachtungsreihe ausrechnen. Aus den verschiedenen Schätzwerten für die gleiche Frequenz kann man einen Mittelwert und eine Varianz berechnen. Damit läßt sich eine äquivalente Anzahl von Freiheitsgraden angeben.

BLACKMAN und TUKEY [1958] haben gezeigt, daß bei Schätzwerten des quadratischen Spektrums für eine Frequenz gilt:

$$k = \frac{2\,M^2_{\tilde{S}}}{m^2_{\tilde{S}}} \approx \frac{2\,T_n}{T_m} \qquad A\,2.27$$

Je länger die Datenreihe im Vergleich zur Kovarianzfunktion ist, um so kleiner wird die Varianz im Vergleich zum Quadrat des Mittelwertes. In Abb. 25 ist das Verhältnis

$$V = \frac{M_{\tilde{S}}}{M_S} \qquad \text{A 2.28}$$

über k aufgetragen. Dabei bedeutet $M_{\tilde{S}}$ den Mittelwert der Spektraldichtewerte über ein endlich langes und M_S denjenigen über ein unendlich langes Analysenintervall. Das für ein festes k abgelesene Verhältnis V(k) wird nur in 10% aller Fälle überschritten. Aus Abb. 25 entnimmt man, daß $k \geq 15$ sein sollte. Das spektrale Auflösungsvermögen ist proportional T_m, während die statistische Sicherheit proportional T_n/T_m ist. Für festes T_n stehen die Forderungen nach großem k und großem Auflösungsvermögen einander entgegen, und man muß das optimale Verhältnis beider finden. Bei geophysikalischen Meßreihen ist M_S unbekannt. Für ein festes k kann daher aus Abb. 25 nur entnommen werden, innerhalb welchen Bereiches um $M_{\tilde{S}}$ der Wert M_S zu finden ist. Der statistische Fehler ist bei weißem Rauschen nicht frequenzabhängig. Das wird für geophysikalische Beobachtungen sicher nicht zutreffen, da immer einige Perioden in den Registrierungen vorherrschen werden.

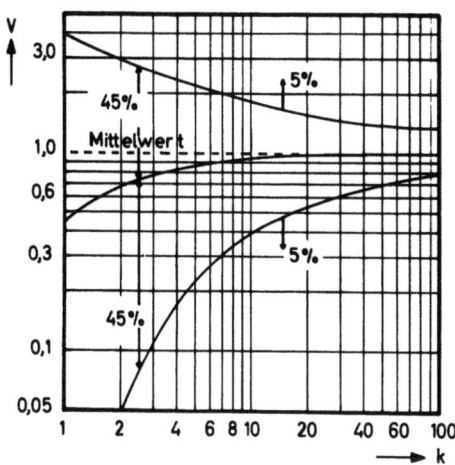

Abb. 25: Verhältnis V der Spektraldichtewerte als Funktion der Freiheitsgrade k für die 5%-Grenze.

Wird die Zeitfunktion x(t), die im Intervall $-\infty \leq t \leq \infty$ kontinuierlich ist, durch ein lineares Netzwerk mit einer zeitunabhängigen Amplitudenresonanzfunktion A(ν) geschickt, so gilt für die Funktion y(t) am Ausgang des Netzwerkes:

Mit
$$\int_{-\infty}^{+\infty} U(\lambda) \, e^{-i\omega\lambda} \, d\lambda = A(\nu) \qquad \text{A 2.29}$$

und
$$y(t) = \int_{-\infty}^{+\infty} U(\lambda) \, x(t-\lambda) \, d\lambda \qquad \text{A 2.30}$$

erhält man für die Autokovarianzfunktion $C_y(\tau)$ der Funktion y(t)

$$C_y(\tau) = \int_{-\infty}^{+\infty} |A(\nu)|^2 \, S(\nu) \, e^{i\omega\tau} \, d\nu \qquad \text{A 2.31}$$

Das quadratische Spektrum $S_y(\nu)$ der Funktion y(t) am Ausgang des Netzwerkes setzt sich zusammen aus dem quadratischen Spektrum $S(\nu)$ der Funktion x(t) und dem quadratischen Spektrum der Amplitudenresonanzfunktion A(ν)

$$S_y(\nu) = |A(\nu)|^2 \, S(\nu) \qquad \text{A 2.32}$$

$$S(\nu) = \frac{S_y(\nu)}{|A(\nu)|^2} \qquad \text{A 2.33}$$

Anhang 3

Zusammenstellung einiger Formeln zur harmonischen Analyse

Die Funktion $x(t)$ sei an äquidistanten Punkten $p\Delta t$, $p = 0, \pm 1, \pm 2, \pm 3, \pm 4 \ldots$ bekannt und über das Intervall $T = L\Delta t$ periodisch fortsetzbar. Sie ist dann durch eine Fourierreihe darstellbar.

$$x(p\Delta t) = \sum_{\lambda=-\infty}^{+\infty} A_\lambda \, e^{i\Omega_\lambda p\Delta t} \qquad \text{A 3.1}$$

$$\Omega_\lambda = \frac{2\pi}{L\Delta t}\lambda \qquad \text{A 3.2}$$

Die A_λ werden im folgenden als die **wahren** komplexen Fourierkoeffizienten und T als die **wahre** Grundperiode von $x(t)$ bezeichnet. Das Beobachtungsintervall, in welchem $x(t)$ an äquidistanten Punkten $p\Delta t$, $p = 0, 1, 2, 3, \ldots N$ bekannt ist, sei

$$T_b = N\Delta t. \qquad \text{A 3.3}$$

Dann besteht folgender Zusammenhang zwischen den durch eine harmonische Analyse der Funktion $x(p\Delta t)$ im Intervall T_b gewonnenen Fourierkoeffizienten a_ν und den wahren Fourierkoeffizienten A_λ von $x(p\Delta t)$:

Es ist
$$a_\nu = |a_\nu| \, e^{i\Theta_\nu} = \frac{\hat{e}}{N} \sum_{p=-\frac{N}{2}}^{+\frac{N}{2}} x(p\Delta t) \, e^{-i\omega_\nu p\Delta t} \qquad \text{A 3.4}$$

mit $\quad \omega_\nu = \frac{2\pi\nu}{N\Delta t}$, $\nu = 0, \pm 1, \pm 2, \ldots$ und $\hat{e} = \begin{cases} 1/2 & \text{für } \nu = \frac{N}{2} \\ 1 & \text{für } \nu \neq \frac{N}{2} \end{cases}$

Mit (A 3.1) folgt
$$a_\nu = \frac{\hat{e}}{N} \sum_{p=-\frac{N}{2}}^{+\frac{N}{2}} \sum_{\lambda=-\infty}^{+\infty} A_\lambda \, e^{ip\Delta t(\Omega_\lambda - \omega_\nu)} \qquad \text{A 3.5}$$

oder
$$a_\nu = 2\hat{e} \sum_{\lambda=-\infty}^{+\infty} A_\lambda \, U_1(\Omega_\lambda, \omega_\nu) \, U_2(\Omega_\lambda, \omega_\nu), \qquad \text{A 3.6}$$

wobei
$$U_1(\Omega_\lambda, \omega_\nu) = \frac{\sin\frac{N}{2}(\Omega_\lambda - \omega_\nu)\Delta t}{\frac{N}{2}(\Omega_\lambda - \omega_\nu)\Delta t} \qquad \text{A 3.7}$$

und
$$U_2(\Omega_\lambda, \omega_\nu) = \frac{(\Omega_\lambda - \omega_\nu)\Delta t}{\sin(\Omega_\lambda - \omega_\nu)\Delta t} \quad \text{bedeuten.} \qquad \text{A 3.8}$$

Die größte noch auflösbare Kreisfrequenz ist

$$\omega_{Ny} = \frac{2\pi}{2\Delta t} \qquad \text{A 3.9}$$

Die Hauptmaxima von $U_2(\Omega_\lambda, \omega_v)$ liegen bei

$$\omega_v = \pm \Omega_\lambda + 2k\omega_{Ny} \qquad k = 0, \pm 1, \pm 2, \ldots \qquad \text{A 3.10}$$

Dort hat mit $U_2(\Omega_\lambda, \omega_v)$ auch $U_1(\Omega_\lambda, \omega_v)$ den Wert 1. Das bedeutet, die beobachteten Fourier - koeffizienten a_v für die Kreisfrequenzen $0 \leqq \omega_v \leqq \omega_{Ny}$ werden durch die A_λ der Kreisfrequenzen $\omega_{Ny} \leqq \Omega_\lambda \leqq 2k\omega_{Ny}$ beeinflußt. Dies geschieht unabhängig von der Wahl der Länge von T_b. Dieser Effekt des "Aliasing" tritt nicht auf, sobald gilt

$$A_\lambda = 0 \quad \text{für} \quad |\Omega_\lambda| \geqq |\omega_{Ny}| . \qquad \text{A 3.11}$$

Falls A 3.11 erfüllt ist, kann man (A 3.6) (vgl. Anhang 2. Gleichung (A 2.9)) auch schreiben

$$a_v = 2\hat{e} \sum_{\lambda=1}^{L/2} A_\lambda \, U_2(|\Omega_\lambda|, \omega_v) \, U_1(|\Omega_\lambda|, \omega_v)$$

$$+ 2\hat{e} \sum_{\lambda=-L/2}^{0} A_\lambda \, U_2(-|\Omega_\lambda|, \omega_v) \, U_1(-|\Omega_\lambda|, \omega_v). \qquad \text{A 3.12}$$

Ist die zu analysierende Funktion "einigermaßen" sinusförmig, d.h. sind nur wenige A_λ von Null verschieden, so werden nach (A 3.12) auch nur wenige A_λ zu den jeweiligen a_v einen Beitrag geben. Die a_v werden dann in guter Näherung die wahren Fourierkoeffizienten wiedergeben. Die Güte dieser Näherung hängt auch von den Funktionen U_1 und U_2 ab. Ist T_b ein Vielfaches von T, so hat $U_1(-|\Omega_\lambda|, \omega_v)$ für ein festes ω_v ein Hauptmaximum vom Betrag 1 bei $\omega_v = \Omega_\lambda$ und gibt im übrigen in Bezug auf diese Abzisse die Funktion $(\sin a)/a$ wieder (vgl. Abb. 2, S. 10). $U_1(-|\Omega_\lambda|, \omega_v)$ ist in diesem Falle spiegelbildlich zu $U_1(|\Omega_\lambda|, \omega_v)$ in Bezug auf $\omega_v = 0$. Das Hauptmaximum von $U_1(|\Omega_\lambda|, \omega_v)$ hat für festes ω_v eine Breite b_{max} von

$$b_{max} = \frac{2}{N\Delta t} \qquad \text{A 3.13}$$

Die Gleichung (A 3.13) gibt das Frequenzauflösungsvermögen an.

Die Funktion $U_1(-|\Omega_\lambda|, \omega_v)$ hat an der Stelle $\Omega_\lambda = \omega_v$ den Wert

$$U_1(-|\Omega_\lambda|, \omega_v)\Big|_{\Omega_\lambda = \omega_\lambda} = \frac{\sin N \Omega_\lambda \Delta t}{N \Omega_\lambda \Delta t} \leqq \frac{1}{N \Omega_\lambda \Delta t} . \qquad \text{A3.14}$$

Ist die wahre Periode $\frac{2\pi}{\Omega_\lambda}$ im Beobachtungsintervall R-mal enthalten, d.h., ist $\frac{2\pi}{\Omega_\lambda} = R \frac{2\pi}{\omega_1}$ und ist $R = 3$, so beträgt

$$U_1(-|\Omega_\lambda|, \omega_v) \leqq \frac{1}{2\pi R}$$

und ist damit höchstens von der Größenordnung $\frac{1}{20} U_1 (|\Omega_\lambda|, \omega_\nu)$ an der Stelle des Hauptmaximums von $U_1 (|\Omega_\lambda|, \omega_\nu)$. Ist T_b nicht ein Vielfaches von T und damit $\Omega_\lambda \neq \omega_\nu$ für alle λ und ν, so werden in die Hauptmaximumsbreite von $U_1 (|\Omega_\lambda|, \omega_\nu)$, in deren Mitte ein bestimmtes ω_ν liegt, zwei Werte des Spektrums A_λ und damit zwei verschiedene λ-Werte fallen. Für einen dieser λ-Werte wird sicherlich gelten

$$U_1 (|\Omega_\lambda|, \omega_\nu) \geq 0{,}637 , \qquad \text{A 3.15}$$

da die Abtastungen in Schritten von $\frac{\pi}{2}$ vorgenommen werden. Damit ist gesichert, daß man diese Periodizität nicht übersieht (ausführlicher diskutiert von STUMPFF [1937]).

Der erdmagnetische Horizontalvektor setzt sich aus der H- und der D-Komponente zusammen. Der Horizontalvektor der harmonischen Schwingungen der pc's wird demgemäß aus

$$|a_{H\nu}| \, e^{i\theta_{H\nu}} \quad \text{und} \quad |a_{D\nu}| \, e^{i\theta_{D\nu}} \qquad \text{A 3.16}$$

gebildet, wobei sich die Indizes H und D auf die beiden Komponenten des erdmagnetischen Feldes beziehen. Aus der Phasendifferenz

$$\varphi_{HD\nu} = \theta_{H\nu} - \theta_{D\nu} \qquad \text{A 3.17}$$

kann man auf den Umlaufsinn des Horizontalvektors schließen. Dieser soll positiv genannt werden, wenn der Endpunkt des Vektors von Ost über Nord nach West umläuft. Es gilt dann

$$\begin{aligned} 0° &< \varphi_{HD_\nu} < 180° \quad \text{pos. Umlaufsinn} \\ 180° &< \varphi_{HD_\nu} < 360° \quad \text{neg. Umlaufsinn.} \end{aligned} \qquad \text{A 3.18}$$

Anhang 4

Die Näherungslösung der Differentialgleichung für die meridionale Plasmaschwingung

Die Differentialgleichungen (A 1.24) und (A 1.25) sowie (A 1.31) und (A 1.32) charakterisieren die Schwingungen von Plasmalamellen in der Magnetosphäre für zwei verschiedene Arten der Anregung durch den solaren Wind. Um diese Schwingungen vollständig zu beschreiben, führt SIEBERT die folgenden Randbedingungen ein:

$$\left.\frac{\partial v_n}{\partial s_1}\right|_{\pm\psi} = 0 \qquad \text{A 4.1}$$

$$\left.\frac{\partial v_b}{\partial s_1}\right|_{\pm\psi} = 0 \ . \qquad \text{A 4.2}$$

Dabei bezeichnet ψ die geomagnetische Breite des Lamellenendes. Diese wird näherungsweise der Breite des Schnittes der Lamellenfeldlinie mit der Erdoberfläche gleichgesetzt. Die Gleichung (A 4.1) besagt, daß die meridionalen Plasmaschwingungen am Lamellenende ein Maximum der Plasmageschwindigkeit besitzen. Entsprechendes gilt nach (A 4.2) für die azimutale Bewegung. Für die Randbedingung (A 4.1) kann die Differentialgleichung (A 1.24) für meridionale Plasmaschwingungen gelöst werden. Zur Integration der Gleichungen für die azimutalen Plasmabewegungen (A 1.25) und (A 1.32) werden neben Aussagen über die meridionale Abhängigkeit von v_b und v_n auch Kenntnisse über die azimutale Abhängigkeit dieser beiden Komponenten der Plasmageschwindigkeit benötigt. Da bisher keine Pulsationsregistrierungen auf einem Ost-West-Profil erfolgt sind, können aus Beobachtungen keine Schlüsse auf diese azimutalen Schwingungsformen gezogen werden und daher auch keine entsprechenden Randbedingungen angegeben werden. Die Gleichung (A 1.25) ist nur für den Fall freier azimutaler Schwingungen lösbar, d.h. wenn

$$\frac{\partial v_n}{\partial s_3} = 0 \text{ ist.} \qquad \text{A 4.3}$$

Im folgenden wird eine Näherungslösung für die Differentialgleichung (A 1.24) angegeben. Schreibt man (A 1.24) auf Kugelkoordinaten um und benutzt die von SIEBERT [1965] angegebene Transformation

$$v_n = (1 - \mu^2)^{3/2} \, y(\mu) \qquad \text{A 4.4}$$

$$\mu = \sin \zeta \qquad \text{A 4.5}$$

sowie die dort ebenfalls angegebene Transformation der Strukturfeldgrößen δ, ϵ, $\varkappa$ und η so erhält man folgende Differentialgleichung:

$$\frac{d^2 y}{d\mu^2} + \left[\frac{4\pi \omega^2 r_o^8}{M_D^2} \rho_o(\mu) (1-\mu^2)^6 + \frac{5 - 6\mu^2 - 15\mu^4}{(1-\mu^2)^3 (1+3\mu^2)} \right] y = 0 \ . \qquad \begin{array}{c}\text{A 4.6}\\ \text{(S 5.29)}\end{array}$$

A.4

Dabei ist ζ die geomagnetische Breite eines Punktes der betrachteten Lamellen-Feldlinie. Mit r_o wird die geozentrische Entfernung des Scheitels der Feldlinie bezeichnet und $\rho_o(\mu)$ ist die Plasmadichte der Lamelle, die über die Alfvéngeschwindigkeit

$$V = \frac{|\mathcal{F}|}{\sqrt{4\pi\rho_o}}$$

und (A 1.23) eingeführt wird. M_D gibt den Betrag des Dipolmomentes des erdmagnetischen Feldes an.

Die Randbedingung (A 4.1) geht mit derselben Transformation über in

$$\left[(1-\mu^2)\frac{dy}{d\mu} - 3\mu y \right]_{\pm\psi} = 0 \, . \qquad \begin{array}{c} A\,4.7 \\ (S\,5.30) \end{array}$$

Dabei bedeutet der Index ψ, daß diese Beziehung in der Breite $\zeta = \psi$, also für $\mu = \sin\psi$ erfüllt sein muß. Für den Fall freier azimutaler Plasmaschwingungen läßt sich (A 1.25), d.h. bei Vernachlässigung des Gliedes $\partial v_n/\partial s_3$, und nach einer ähnlichen Transformation wie im Fall der meridionalen Plasmaschwingungen angeben zu

$$\frac{d^2 y}{d\mu^2} + \frac{4\pi\omega^2 r_o^8}{M_D^2}\rho_o(\mu)(1-\mu^2)^6 y = 0 \, , \qquad A\,4.8$$

wobei hier

$$v_b = (1-\mu^2)^{3/2} y(\mu)$$

entspricht. Aus (A 4.2) erhält man durch die gleiche Transformation eine (A 4.7) entsprechende Randbedingung. Der Fall azimutaler Plasmaschwingungen soll im folgenden nicht weiter betrachtet werden.

Für die Dichteverteilung $\rho_o(\mu)$ in einer Lamelle wird die folgende Annahme gemacht: Die Plasmadichte nehme längs einer Feldlinie vom Ende der Lamelle bis zum Scheitelpunkt der Feldlinie nach folgendem Gesetz ab:

$$\rho_o(r) = \rho_o(a)\left(\frac{a}{r}\right)^\sigma \, .$$

Dabei ist dann $\rho_o(a)$ die Dichte am Lamellenende, das hier näherungsweise in der geozentrischen Entfernung 1 a - also am Erdboden - angenommen wird. Die geozentrische Entfernung r eines Punktes der Feldlinie ist mit dessen geomagnetischer Breite durch die Feldliniengleichung

$$r = r_o \cos^2\zeta \quad \text{bzw.} \quad a = r_o \cos^2\psi$$

für das Dipolfeld verknüpft. Für die Dichteabnahme in Abhängigkeit von μ ergibt sich

$$\rho_o(\mu) = \rho_o(a)\left[\frac{\cos^2\psi}{1-\mu^2}\right]^\sigma \, . \qquad A\,4.9$$

Die Gleichung (A 4.6) erhält dann die Form

$$\frac{d^2 y}{d\mu^2} + \left[\lambda^2 f(\mu) + g(\mu) \right] y = 0, \qquad A\,4.10$$

wobei
$$\lambda^2(\psi) = \frac{4\pi \omega^2 r_o^8}{M_D^2} \cos^2\psi \, \rho_o(a), \qquad A\,4.11$$

$$f(\mu) = \frac{(1-\mu^2)^6}{(1-\mu^2)^\sigma} \qquad A\,4.12$$

und
$$g(\mu) = \frac{5 - 6\mu^2 - 15\mu^4}{(1-\mu^2)^3 (1+3\mu^2)} \qquad \text{bedeuten.} \qquad A\,4.13$$

Die Gleichungen (A 4.7) und (A 4.10) stellen ein Sturm-Liouvillesches Eigenwertproblem mit $\lambda^2(\psi)$ als Eigenwert dar. In (A 4.10) sind die Parameter σ und $\rho_o(a)$ frei wählbar. Man geht bei der Lösung des Eigenwertproblems so vor, daß man zunächst σ geeignet wählt und dann $\lambda^2(\psi)$ berechnet. Aus den Eigenwerten $\lambda^2(\psi)$ für eine geomagnetische Breite ψ lassen sich dann mit (A 4.11) die Kreisfrequenzen $\omega^2(\psi)$ berechnen und mit $\omega(\psi) = 2\pi/P(\psi)$ die breitenabhängigen Pulsationsperioden $P(\psi)$. Diese sind dann bis auf den Faktor $\rho_o(a)$ bestimmt. Durch Gleichsetzen der Periode $P(\psi)$ mit den an einer bestimmten geomagnetischen Breite ψ beobachteten Perioden der pc's kann man auch $\rho_o(a)$ festlegen. Für alle anderen geomagnetischen Breiten sind dann durch die entsprechenden $\lambda(\psi)$ die $P(\psi)$ vorgegeben. Diese sollten mit den beobachteten Periodenwerten übereinstimmen, falls die Plasmadichteverteilung und damit σ richtig gewählt wurde. Durch Variation von σ kann diese Übereinstimmung erzielt werden.

Die Gleichung (A 4.10) wurde mit Hilfe des Differenzverfahrens (siehe COLLATZ [1956]) auf der Rechenanlage IBM 7040 im Rechenzentrum Göttingen für verschiedene Werte von σ im Bereich

$$0 \leq \mu < 1, \qquad A\,4.14$$

d.h.
$$0 \leq \zeta \leq 89° < 90° \qquad A\,4.15$$

oder
$$0 \leq \psi \leq 89° < 90° \qquad A\,4.16$$

gelöst. Die von ψ abhängige Länge des Integrationsintervalles wurde jeweils in J Intervalle der Schrittweite $\Delta \zeta$ unterteilt, wobei für alle ψ die Zahl J = 27 gewählt wurde. Bei der Integration ist dann von niedrigen geomagnetischen Breiten bis zur Breite $\psi = 67°$ die Intervallänge

$$\Delta \zeta < 2{,}5° \,. \qquad A\,4.17$$

Da das Differenzverfahren auf der Rechenanlage mit doppelt genauen Werten gerechnet wurde, um Abrundungsfehler durch den Computer zu vermeiden, ließ der vorhandene Rechenspeicher keine geringere Schrittweite zu. Die Genauigkeit der λ-Werte ist damit von ψ abhängig. Die Beobachtung der Pulsationen reicht nur bis zu einer Breite von $67°$, so daß die $\lambda(\psi)$ für $\psi > 67°$ nicht sonderlich interessieren, und deren geringere Genauigkeit ohne Bedeutung ist. Die Differentiale zweiter Ordnung wurden in (A 4.10) durch

$$\frac{d^2 y}{d\mu^2} \approx \frac{y_{i-1} - 2y_i + y_{i+1}}{h^2} \qquad i = 0, 1, 2, 3, \ldots J \qquad A\,4.18$$

angenähert, wobei

$$h^2 = \sin^2 \Delta\zeta \qquad \text{A 4.19}$$

und
$$y_i = y(\mu_i) \qquad \text{mit} \quad \mu_i = \sin(i\,\Delta\zeta) \qquad \text{A 4.20}$$

bedeuten. Entsprechend sind f_i und g_i für $f(\mu)$ und $g(\mu)$ definiert. Der Fehler dieser Approximation liegt in der Größenordnung von $(h^2/12)\,(d^4y/d\mu^4)$. Für (A 4.10) erhält man auf diese Weise ein System von J linearen Gleichungen der Art

$$\frac{y_{i-1} - 2y_i + y_{i+1}}{h^2} + g_i\,y_i + \lambda^2\,f_i\,y_i = 0 \qquad \text{A 4.21}$$

oder in Matrix-Schreibweise

$$(\mathcal{A} + \lambda^2 \mathcal{B})\,\eta = 0. \qquad \text{A 4.22}$$

$\mathcal{A}$ und $\mathcal{B}$ sind quadratische Matritzen mit J^2 Elementen und η ein J-dimensionaler Vektor.

Entsprechend den Vorstellungen, wie sie in Kapitel 2 entwickelt wurden, verursacht die von der Magnetopause kommende Störung vor allem Schwingungen des Plasmas in der geomagnetischen Äquatorebene, die sich dann wegen der vorausgesetzten Lamellenstruktur entlang der Feldlinien fortpflanzen. Denkt man sich modellmäßig die Anregung als einen Stoß auf die Lamellen in dieser Ebene, so hat die Plasmageschwindigkeit im Scheitel der Lamelle ein Maximum, und es treten nur solche Eigenschwingungen der Lamelle auf, die symmetrisch zum Äquator sind.

Dies ergibt neben (A 4.1) die Randbedingung

$$\left.\frac{\partial v_n}{\partial s_1}\right|_{\zeta = 0} = 0 \qquad \text{A 4.23}$$

und nach Transformation analog zu (A 4.4)

$$\left.\frac{dy}{d\mu}\right|_{\zeta = 0} = 0\;. \qquad \text{A 4.24}$$

In der oberen und unteren Zeile der Matrix $\mathcal{A}$ aus (A 4.22), also für $i = 0$ und $i = J$, entsprechend für $\zeta = 0$ und $\zeta = \psi$, wurden die Differentiale zweiter Ordnung unter Einbeziehung der Randbedingungen (A 4.8) und (A 4.24) approximiert durch

$$\left.\frac{d^2y}{d\mu^2}\right|_{\zeta=\psi} \approx 12h\,\left.\frac{dy}{d\mu}\right|_{\zeta=\psi} - 14y_i + 16y_{i-1} - 2y_{i-2} \qquad \text{für } i = J$$

$$\left.\frac{d^2y}{d\mu^2}\right|_{\zeta=0} \approx -12h\,\left.\frac{dy}{d\mu}\right|_{\zeta=0} - 14y_i + 16y_{i+1} - 2y_{i+2} \qquad \text{für } i = 0\,.$$

In den Abb. 26 bis 28 sind die berechneten drei niedrigsten Eigenwerte $\lambda_{1,2,3}(\psi)$ für $\sigma = 4$, $\sigma = 6$ und $\sigma = 8$ in Abhängigkeit von der geomagnetischen Breite aufgetragen.

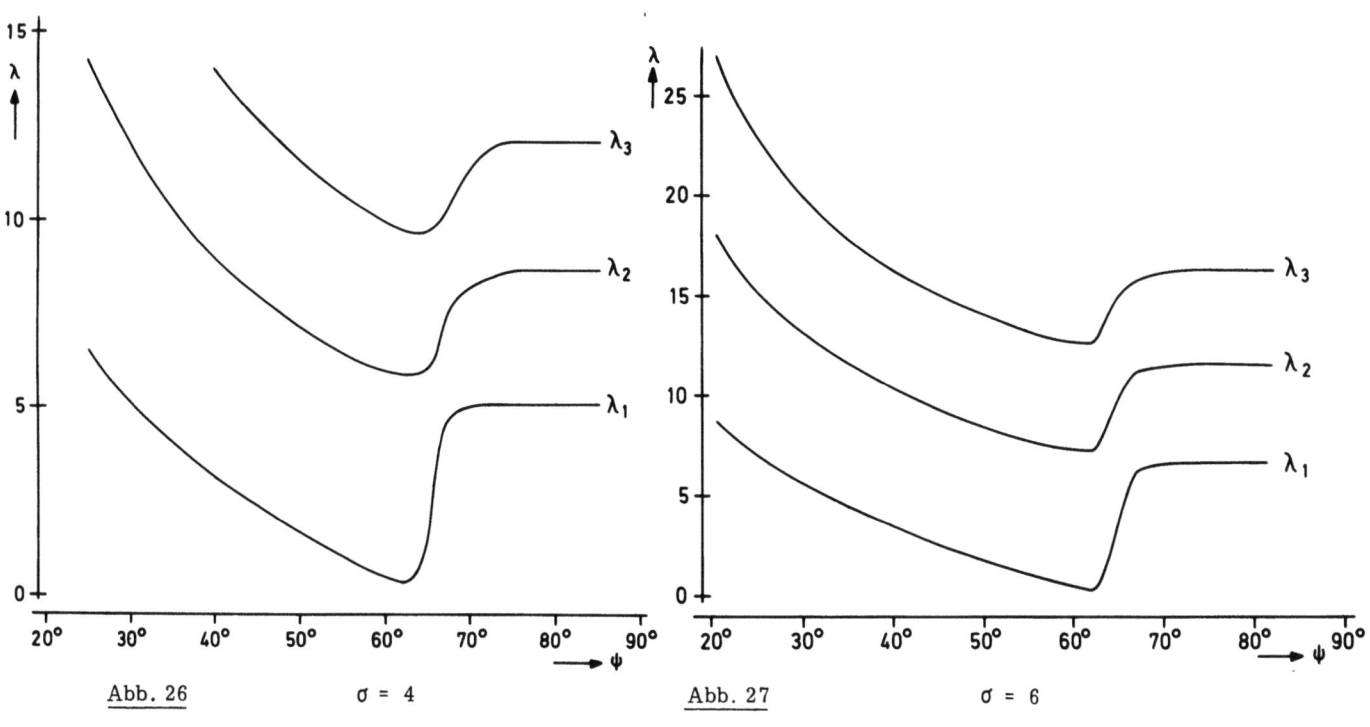

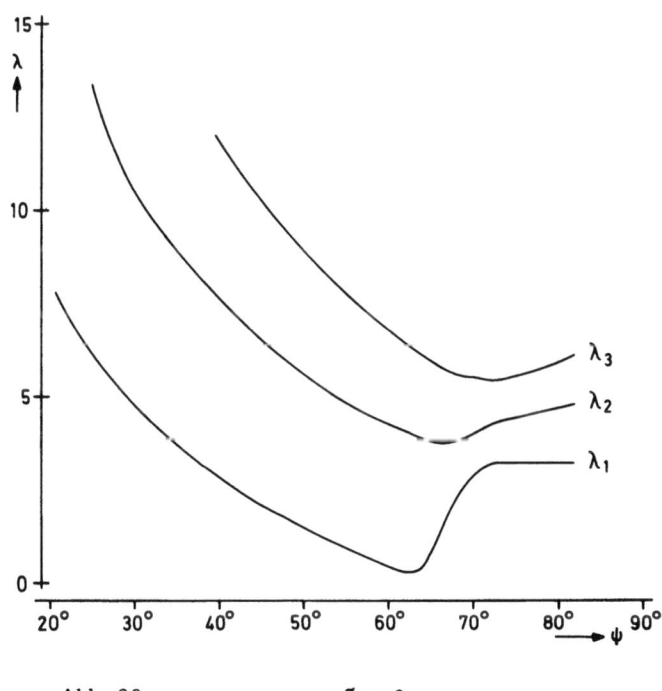

Abb. 26 - Abb. 28: Die zur ersten, zweiten und dritten Eigenschwingung gehörigen Eigenwerte der Differentialgleichung (A 4.6) unter Annahme eines exponentiellen Dichtegesetzes der Form $r^{-\sigma}$. Die zugehörigen σ - Werte sind unter den entsprechenden Abbildungen angegeben.

Die Kurven der λ -Werte fallen zunächst mit zunehmender geomagnetischer Breite bis zu einem Minimum ab und steigen dann wieder im Bereich von $\psi \approx 63°$ steil an. Um dieses Verhalten näher zu untersuchen, wurden die Eigenwerte einiger Differentialgleichungen berechnet, welche (A 4.10) für $\sigma = 6$, d.h. für $f(\mu) \equiv 1$ mehr oder minder gut approximieren. Diese Differentialgleichungen sind mit den angenommenen Randbedingungen in Tab. 9 zusammengestellt. In der verkürzten Schreibweise ist für $dy/d\mu$ hier y' geschrieben. Die Gleichung V aus Tab. 8 ist dabei identisch Gleichung (A 4.10).

Tabelle 8

Differentialgleichung	Randbedingungen	
	für $\zeta = 0$	für $\zeta = \psi$
I $\quad y'' + \lambda^2 y = 0$	$y = 0$	$y = 0$
II $\quad y'' + \lambda^2 y = 0$	$y' = 0$	$(1-\mu^2)y' - 3\mu y = 0$
III $\quad y'' + (\lambda^2 - 5)y = 0$	$y' = 0$	$(1-\mu^2)y' - 3\mu y = 0$
IV $\quad y'' + (\lambda^2 + 5)y = 0$	$y' = 0$	$(1-\mu^2)y' - 3\mu y = 0$
V $\quad y'' + (\lambda^2 + g(\mu))y = 0$	$y' = 0$	$(1-\mu^2)y' - 3\mu y = 0$

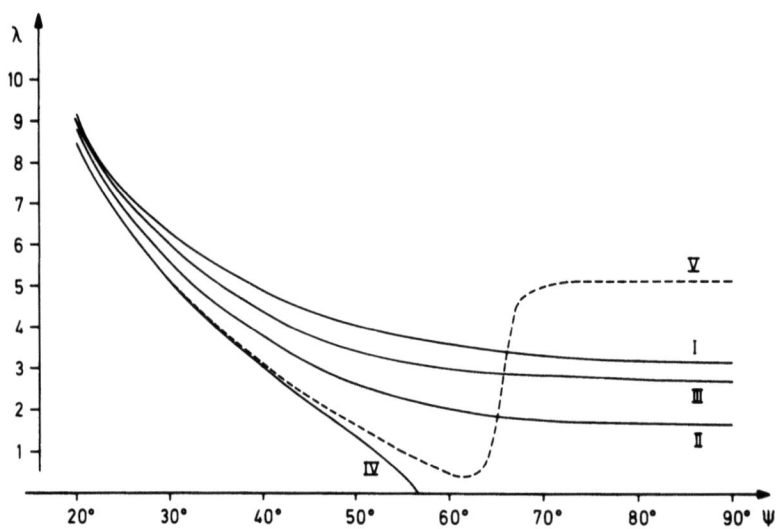

Abb. 29: Die zur ersten Eigenschwingung gehörigen Eigenwerte für die im Text angegebenen Differentialgleichungen I, II, III, IV und V.

In Abb. 29 sind die jeweils niedrigsten Eigenwerte der Differentialgleichungen I bis V in Abhängigkeit von ψ dargestellt. Der steile Anstieg der λ_1-Werte bei $\psi \approx 63°$ für (A 4.10) ist mithin auf das Verhalten von $g(\mu)$ und damit im wesentlichen auf den Einfluß der Strukturgrößen des erdmagnetischen Dipolfeldes zurückzuführen, siehe Gleichung (A 1.24).

Anhang 5

Abbildungen von pc-Registrierungen und den zugehörigen quadratischen Spektren

Die unten wiedergegebene Karte veranschaulicht die Lage der Observatorien Kiruna, Enköping, Wingst, Göttingen und Fürstenfeldbruck relativ zu den eingezeichneten geomagnetischen Koordinaten. Auf den folgenden Seiten sind die nach Tab. 3 (Seite 12) ausgewählten pc-Registrierungen unten sowie die zugehörigen quadratischen Spektren jeweils darüber abgebildet (Abb. 30 bis 71). Bei den Registrierkurven ist auf der Abzisse die Zeit "t" von links nach rechts aufgetragen und der Maßstab für die Ordinate in der Einheit 2γ angegeben. Die Komponenten der pc's werden mit "H" bzw. "D" bezeichnet.

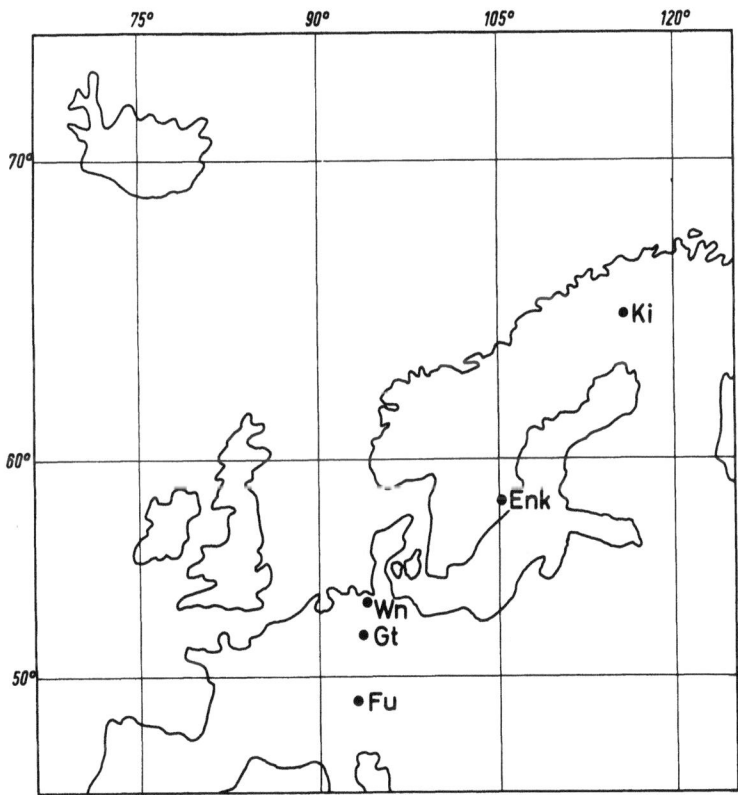

A.5 - 52 -

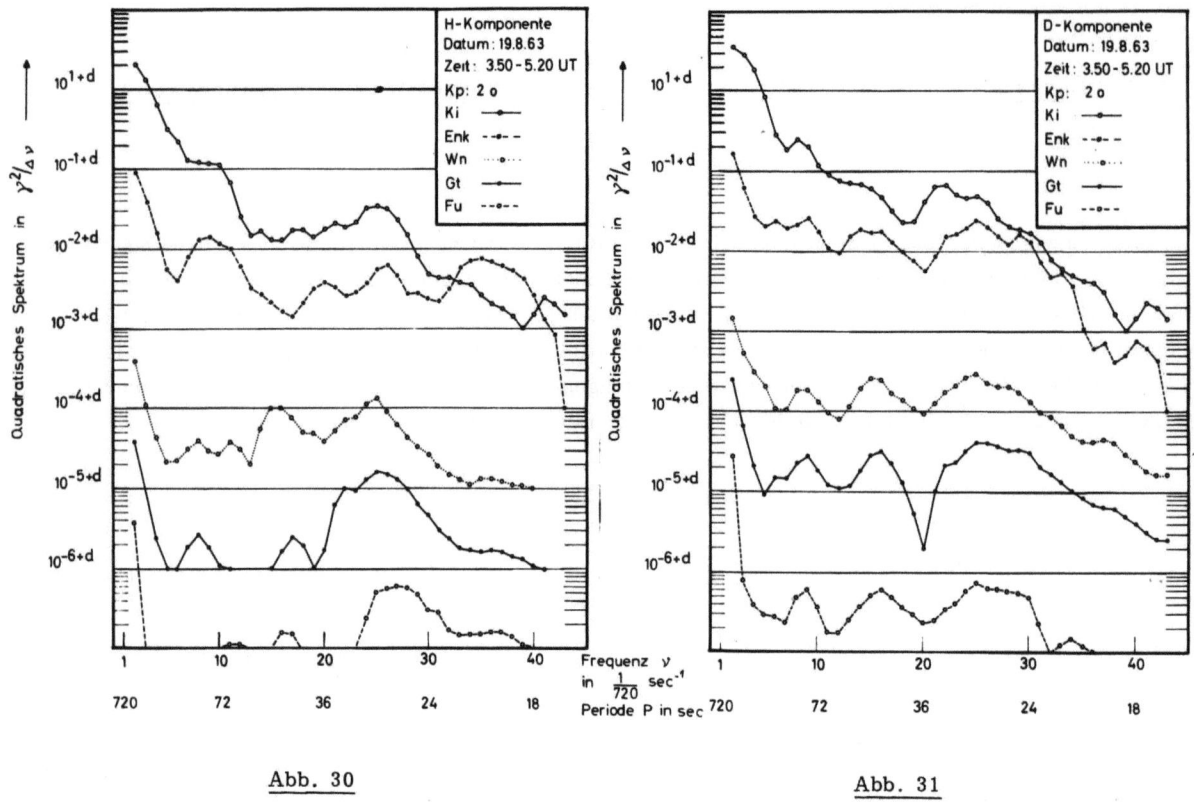

Abb. 30   Abb. 31

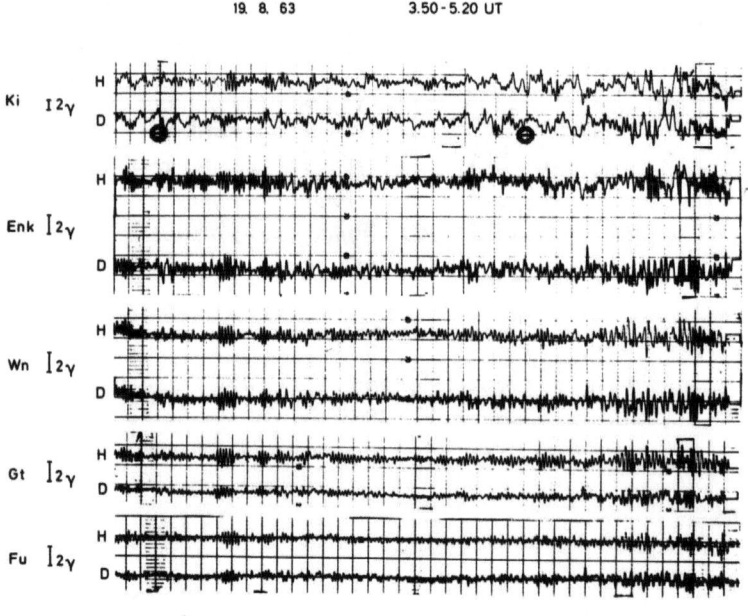

Abb. 32

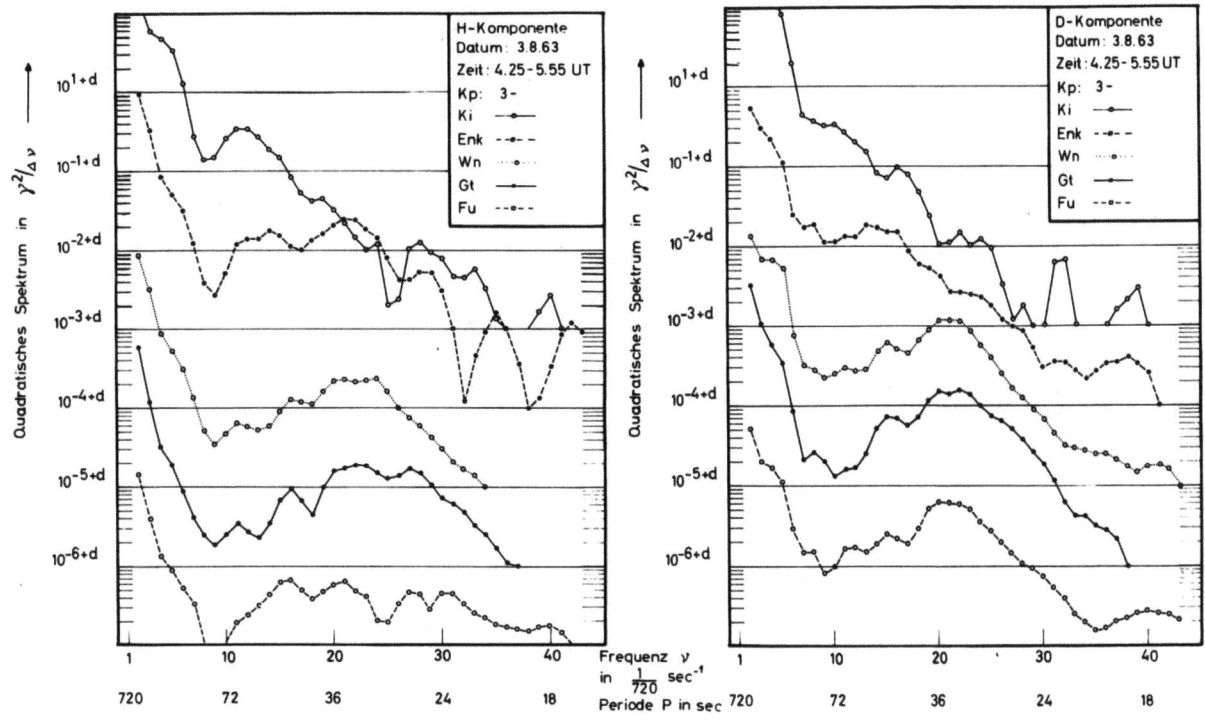

Abb. 33   Abb. 34

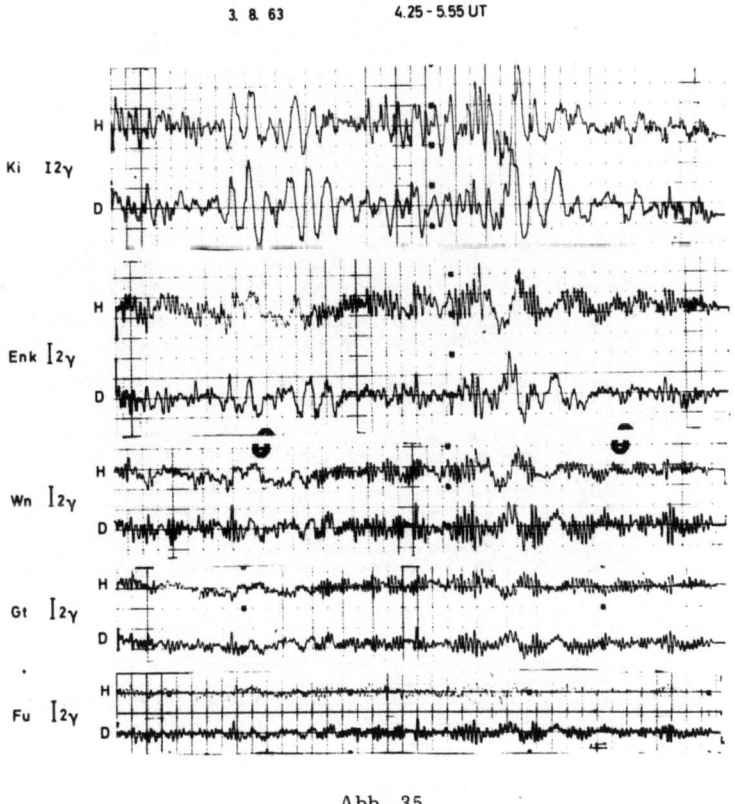

Abb. 35

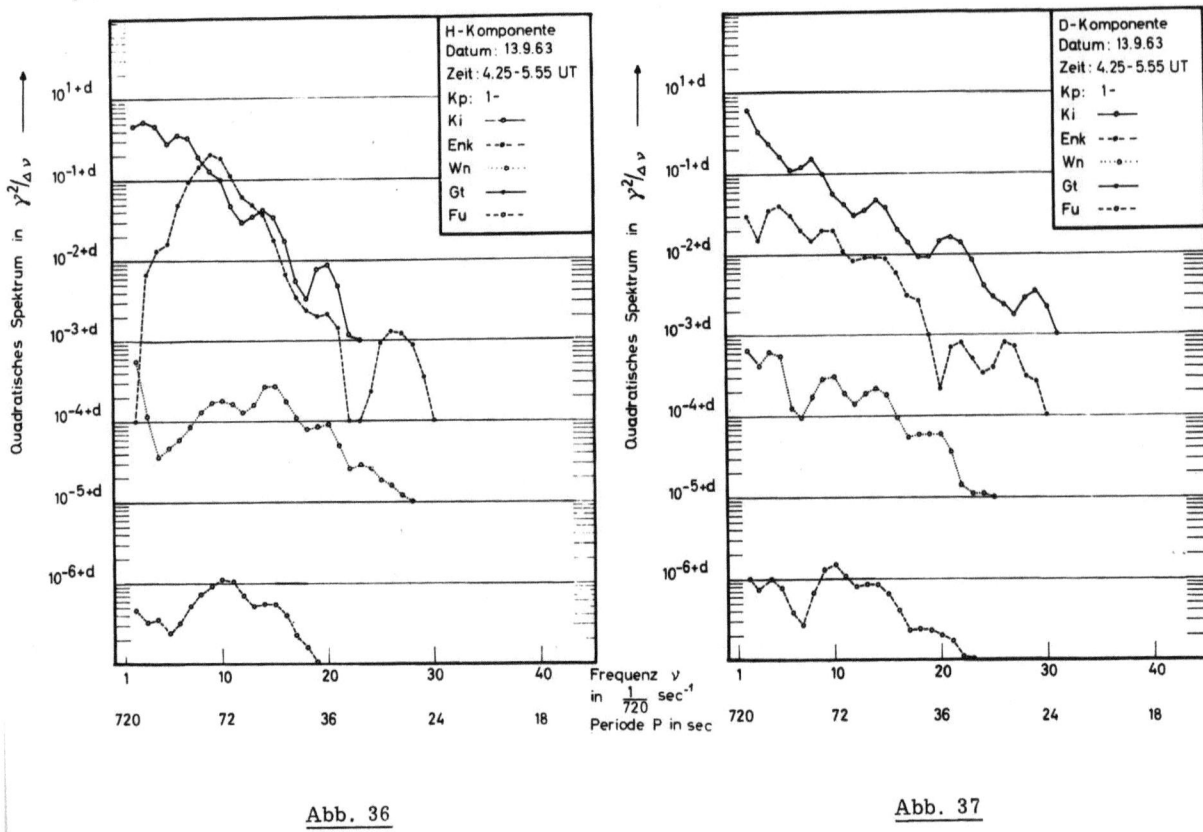

Abb. 36 Abb. 37

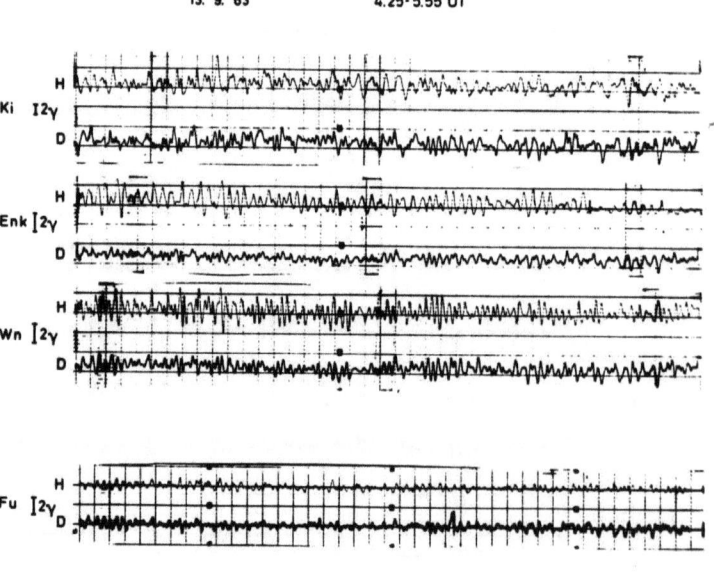

Abb. 38

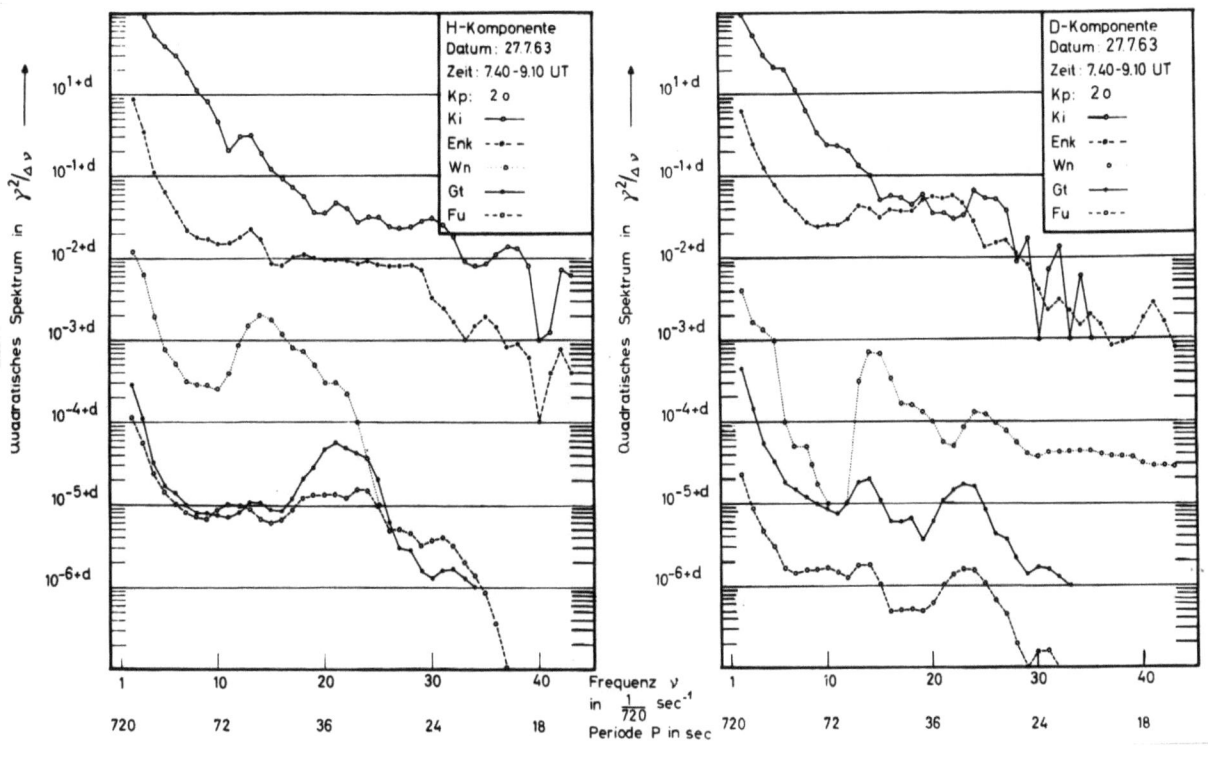

Abb. 39   Abb. 40

27. 7. 63   7.40 - 9.10 UT

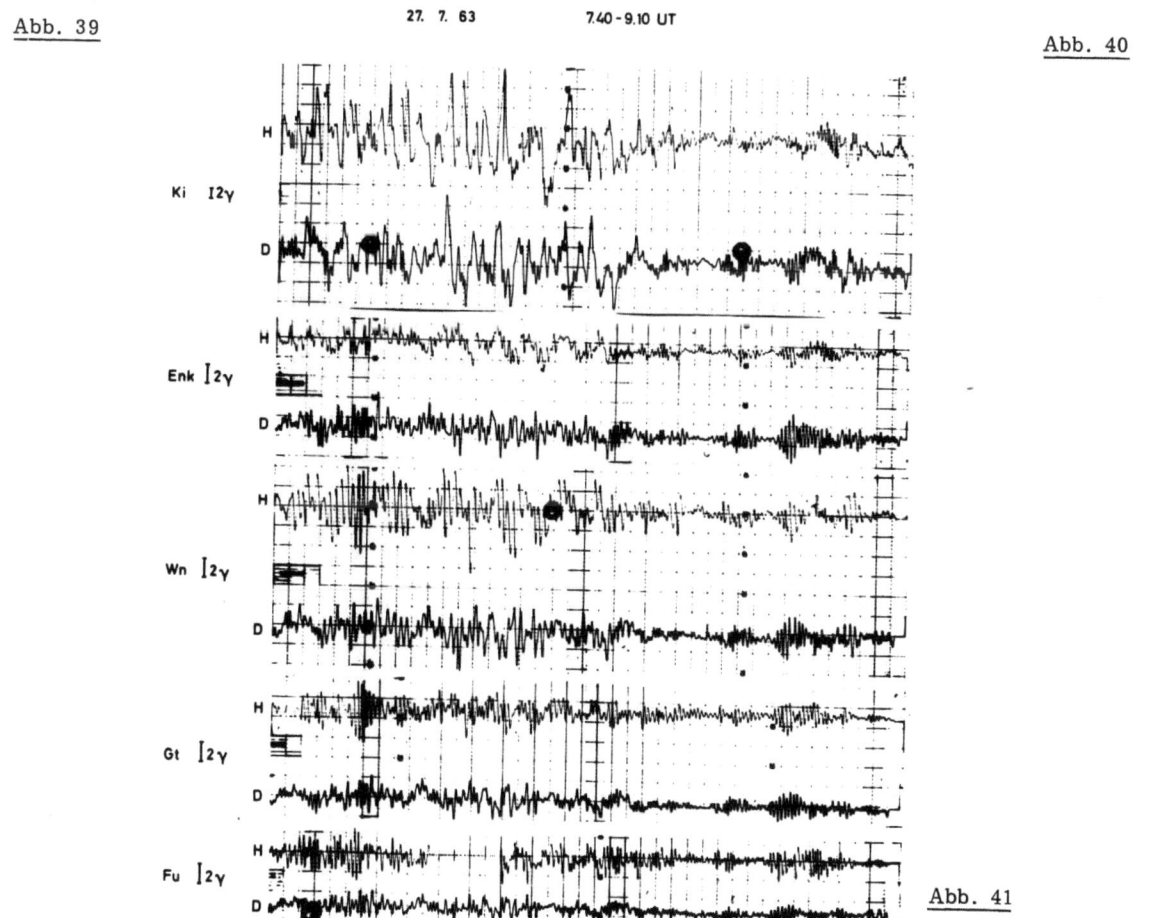

Abb. 41

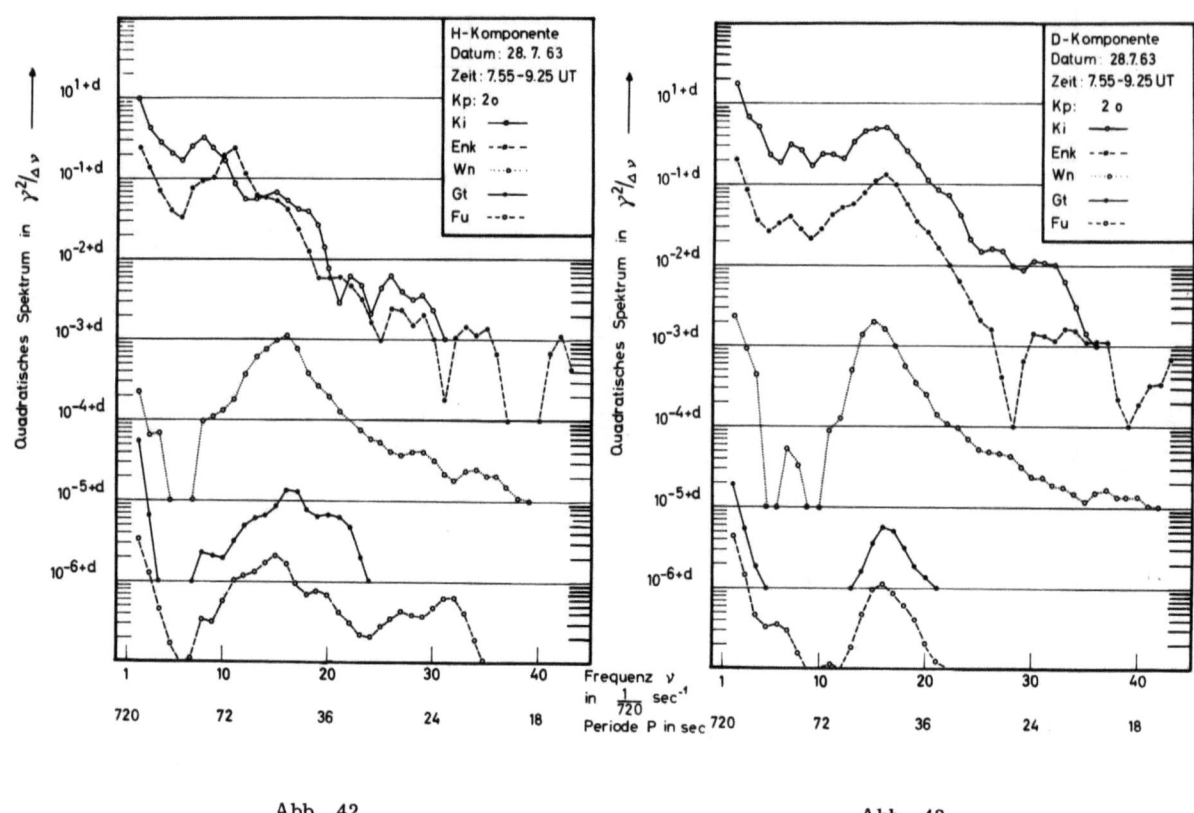

Abb. 42   Abb. 43

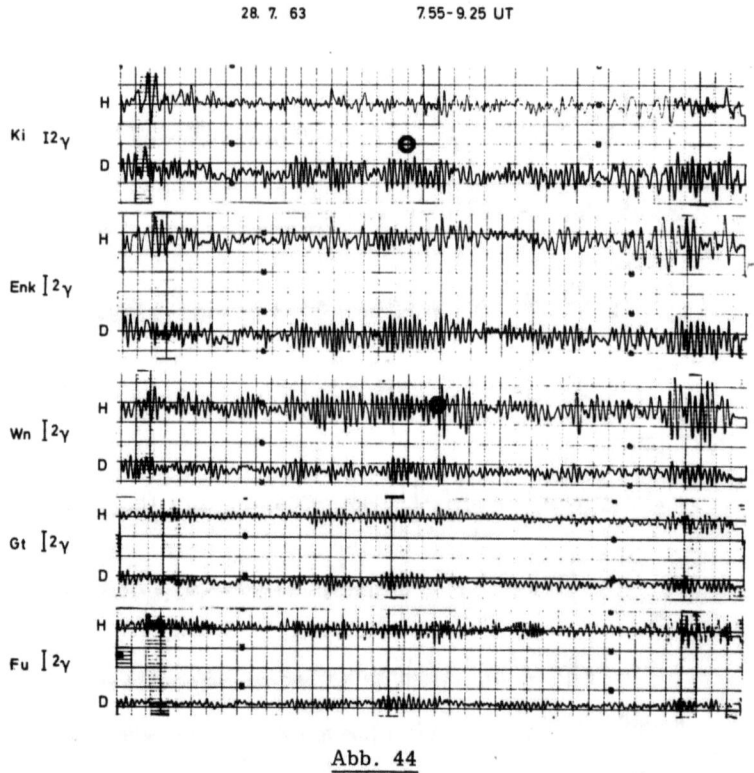

Abb. 44

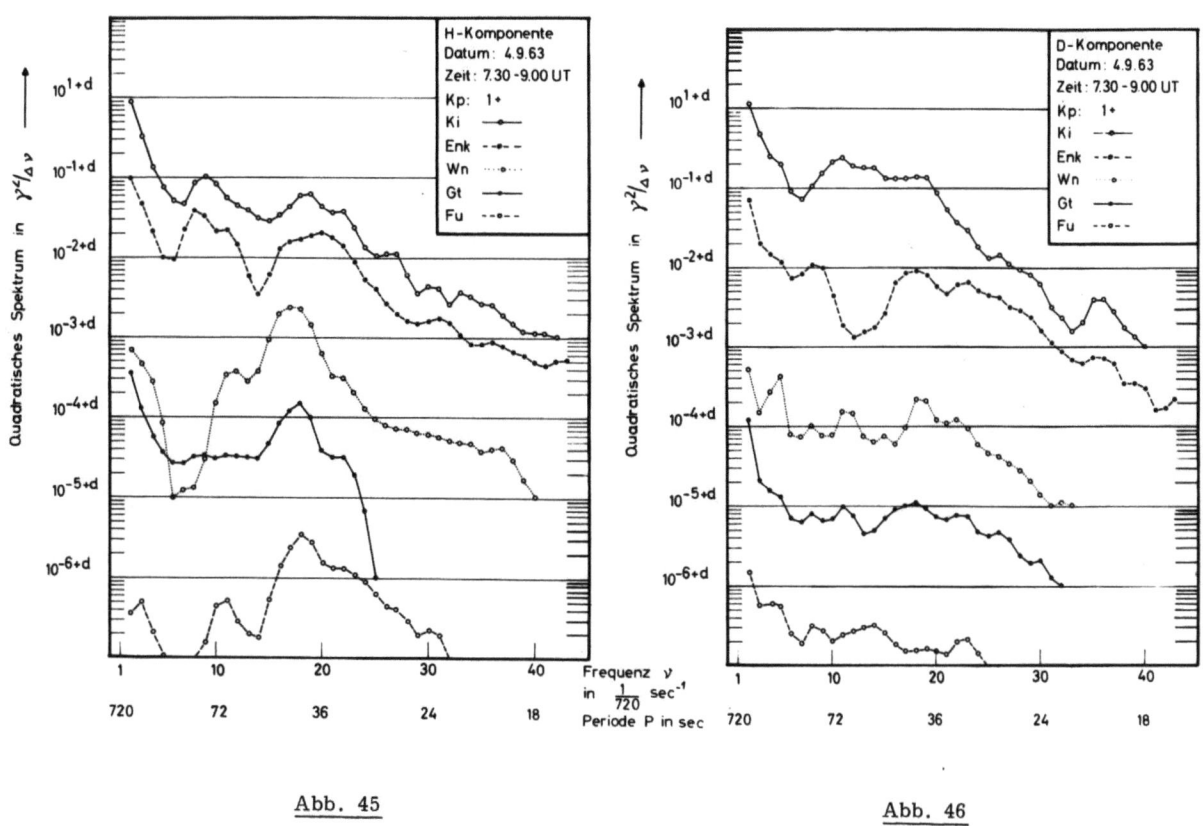

Abb. 45   Abb. 46

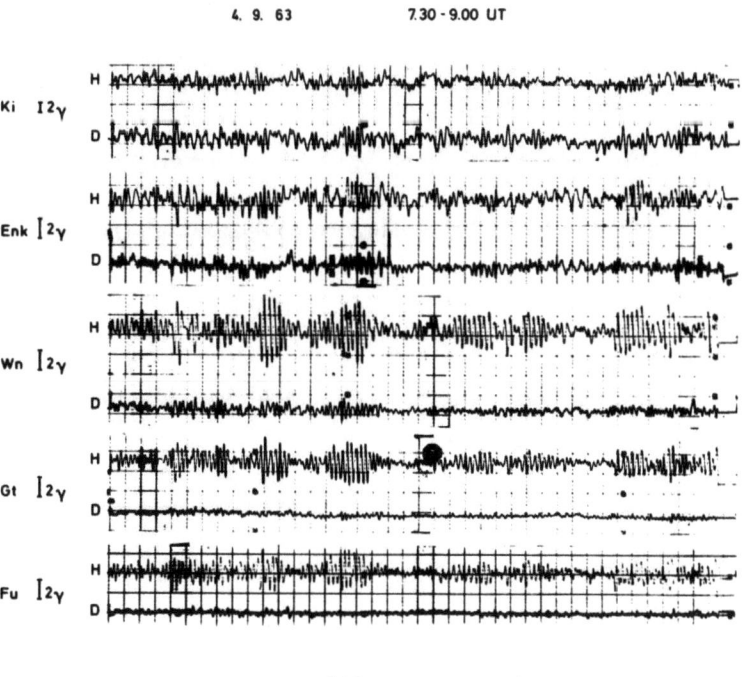

Abb. 47

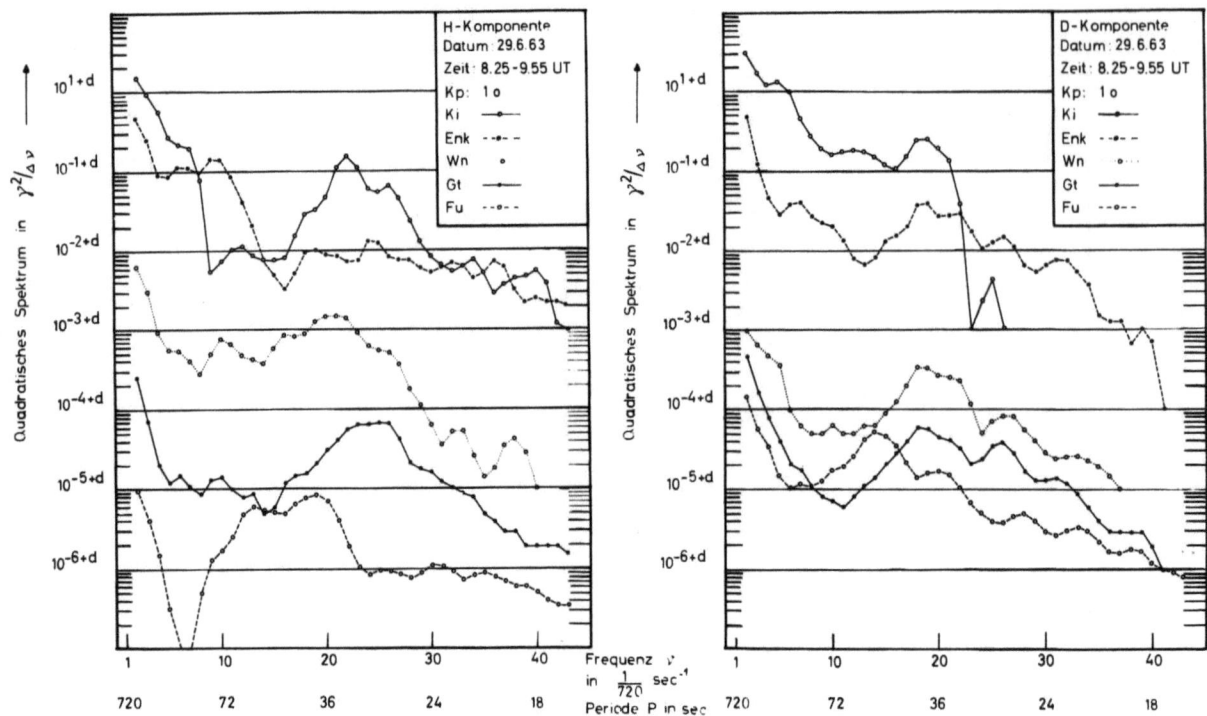

Abb. 48 Abb. 49

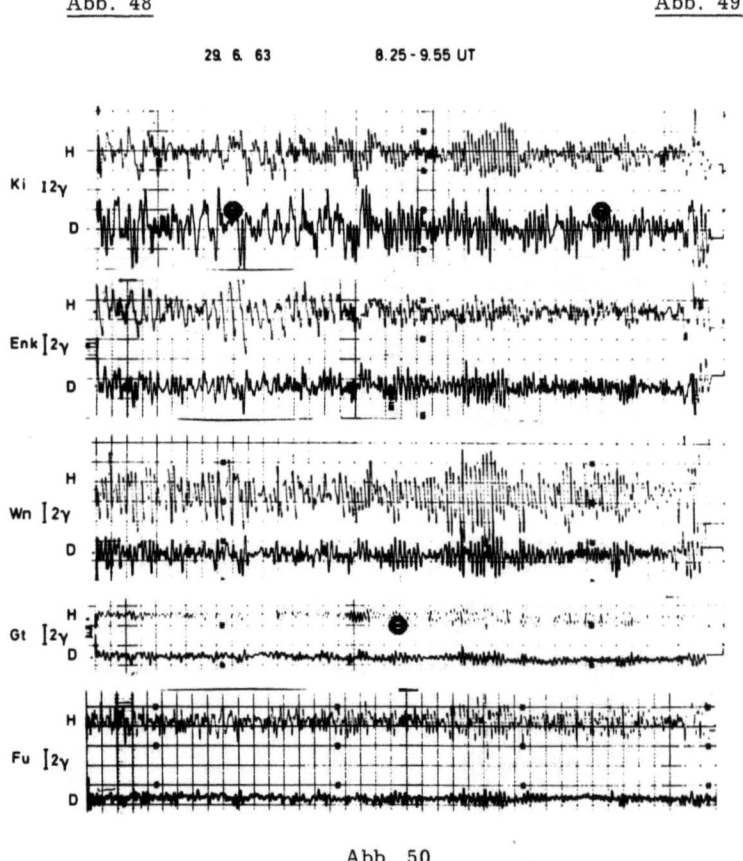

Abb. 50

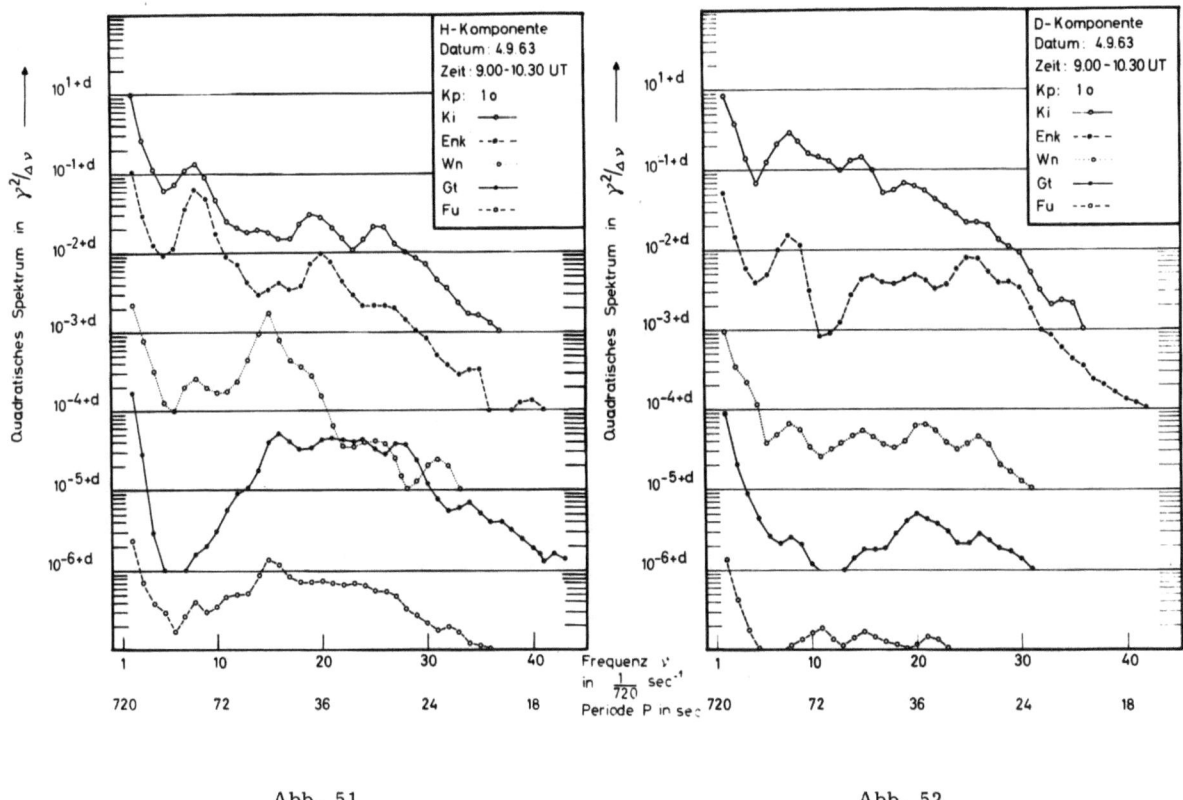

Abb. 51   Abb. 52

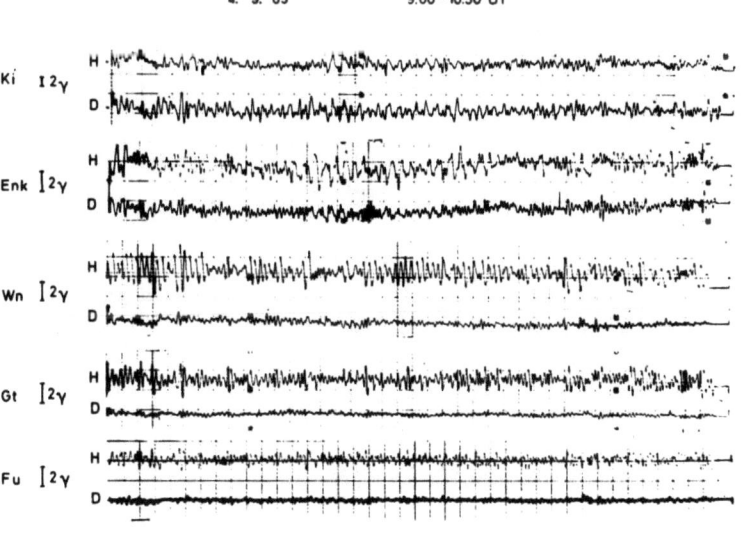

Abb. 53

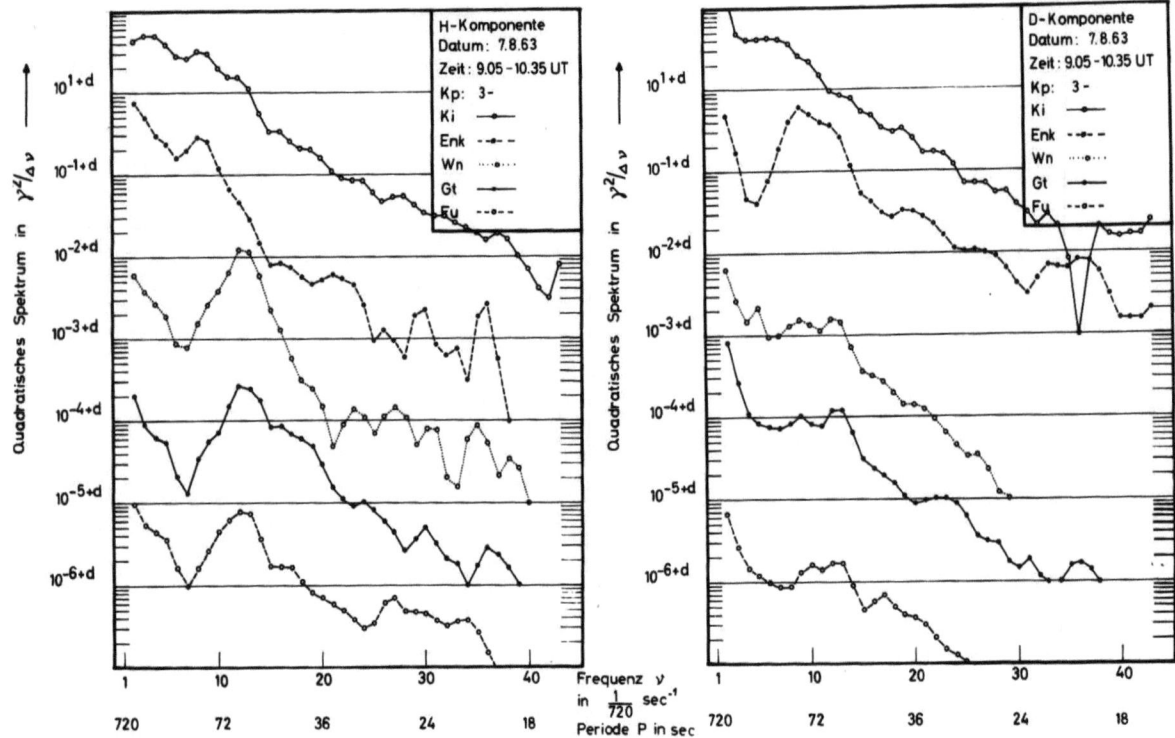

Abb. 54   Abb. 55

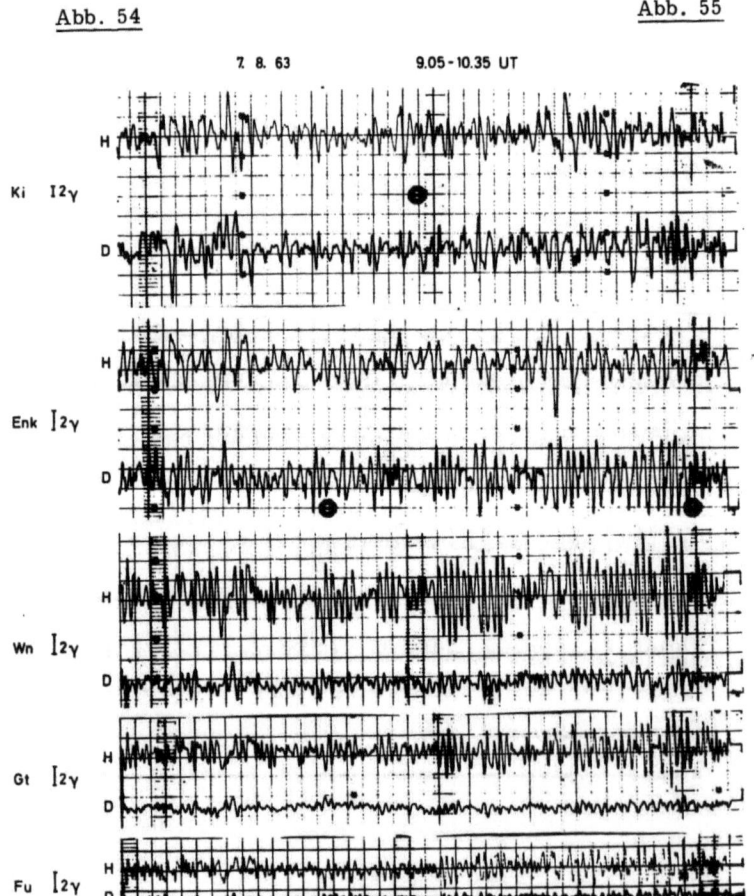

Abb. 56

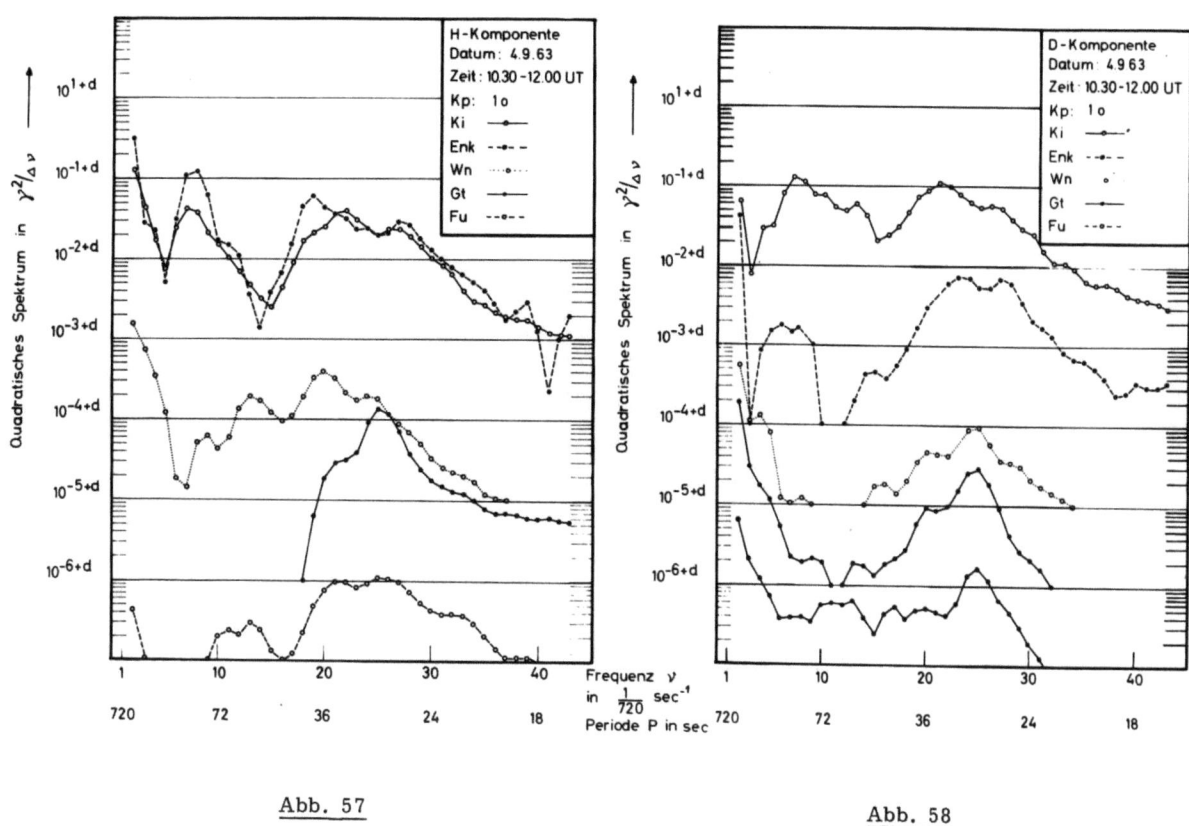

Abb. 57   Abb. 58

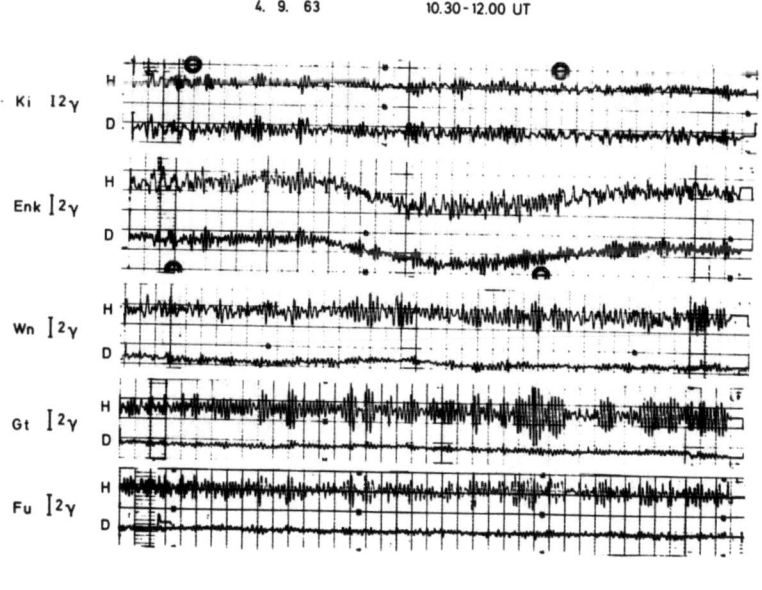

Abb. 59

A.5

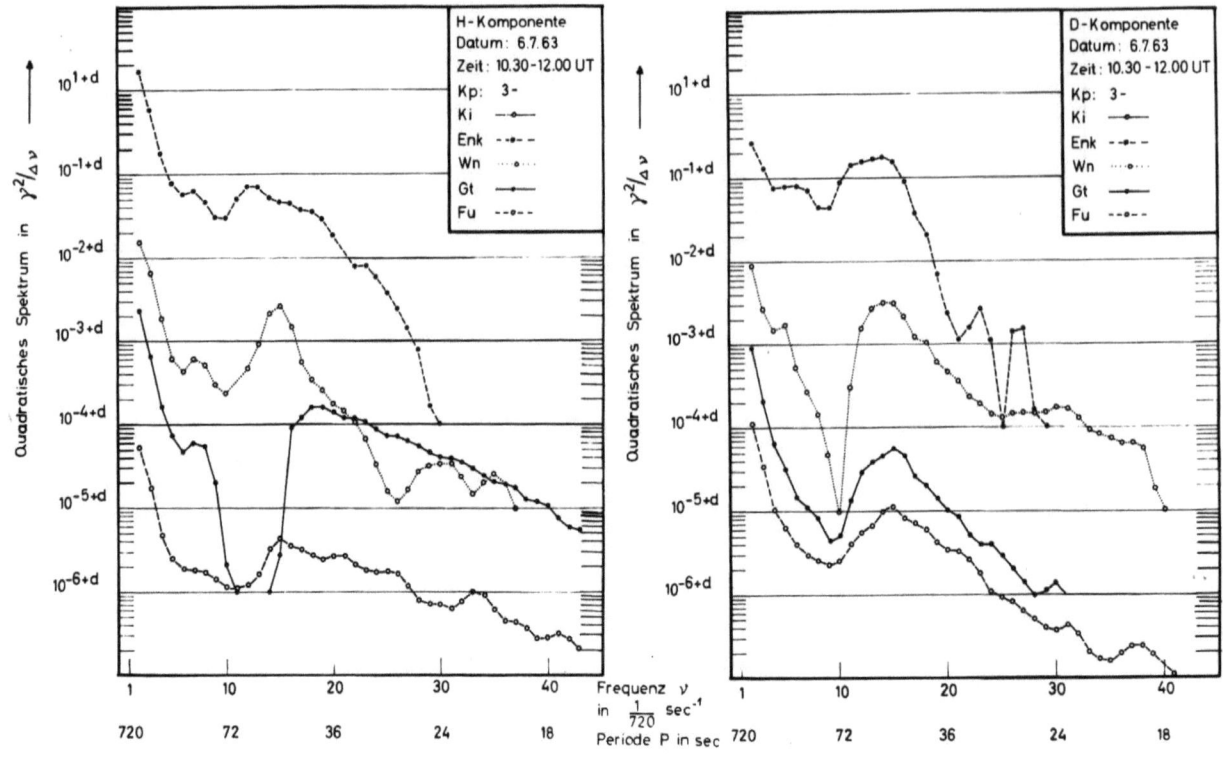

Abb. 60   Abb. 61

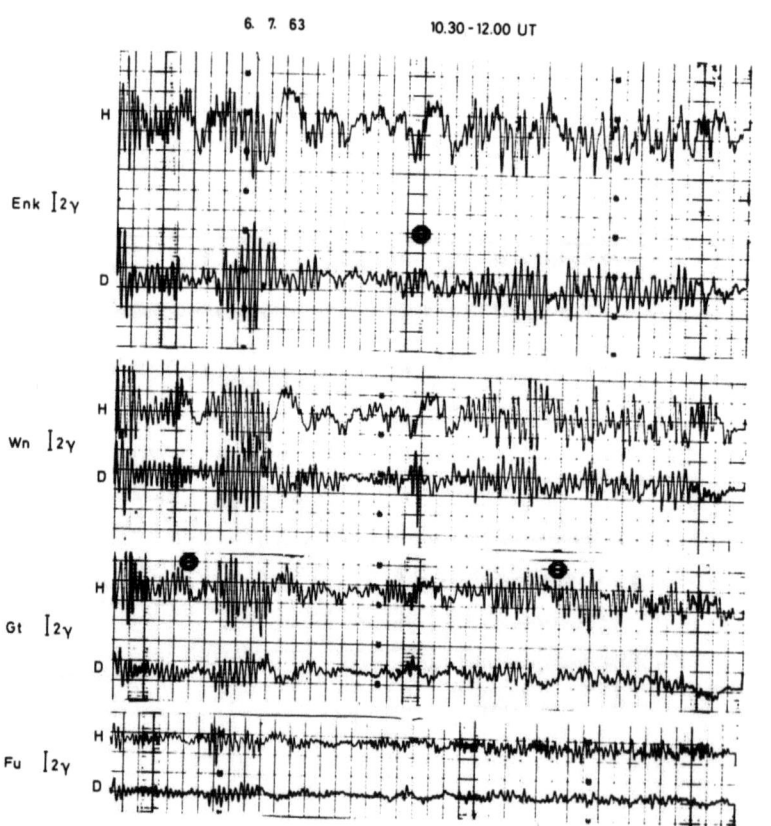

Abb. 62

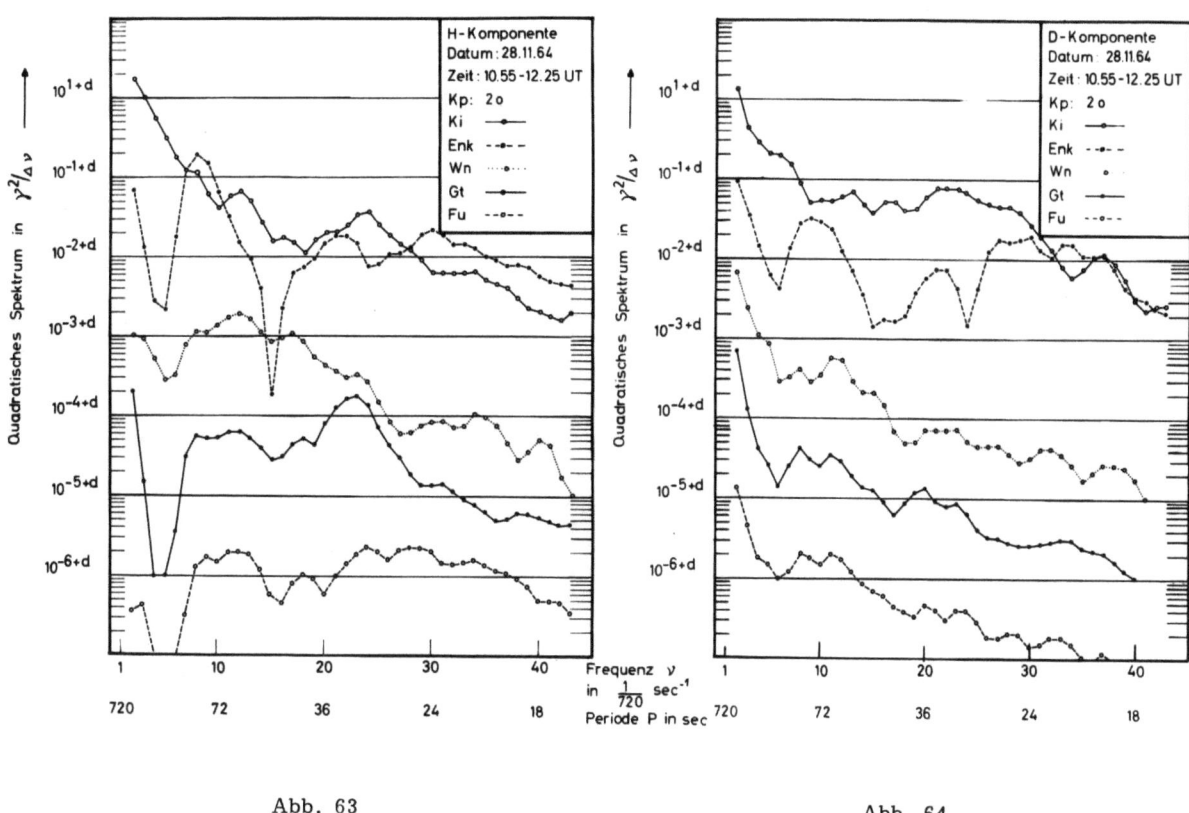

Abb. 63

Abb. 64

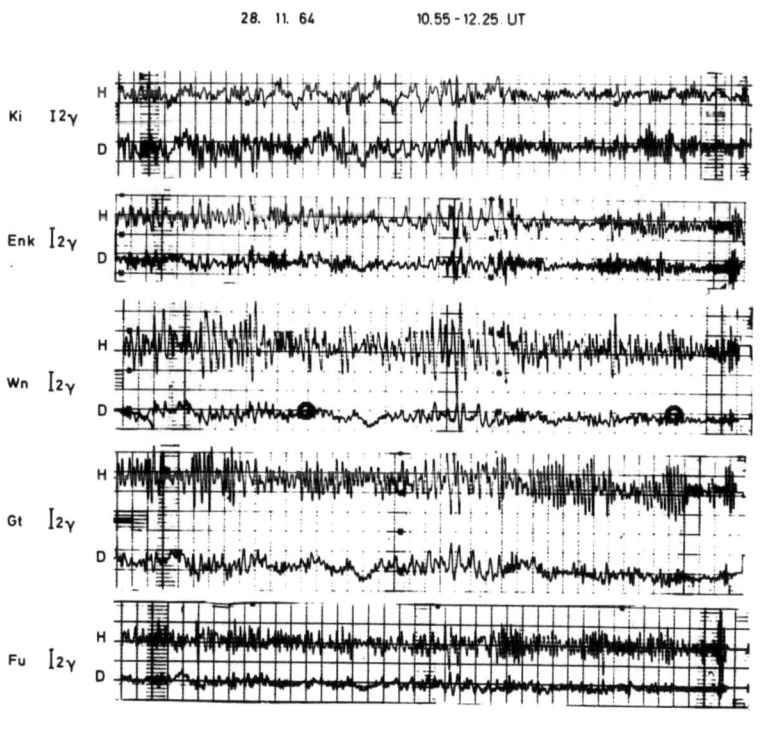

Abb. 65

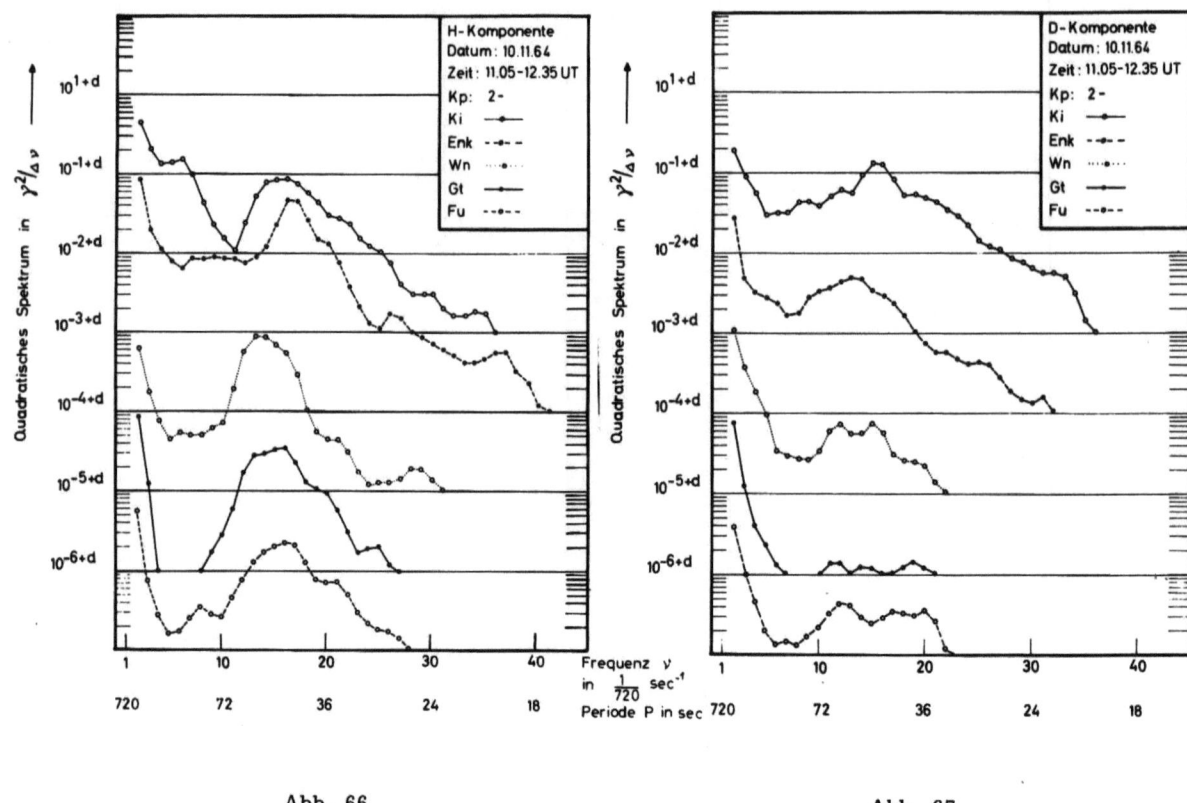

Abb. 66   Abb. 67

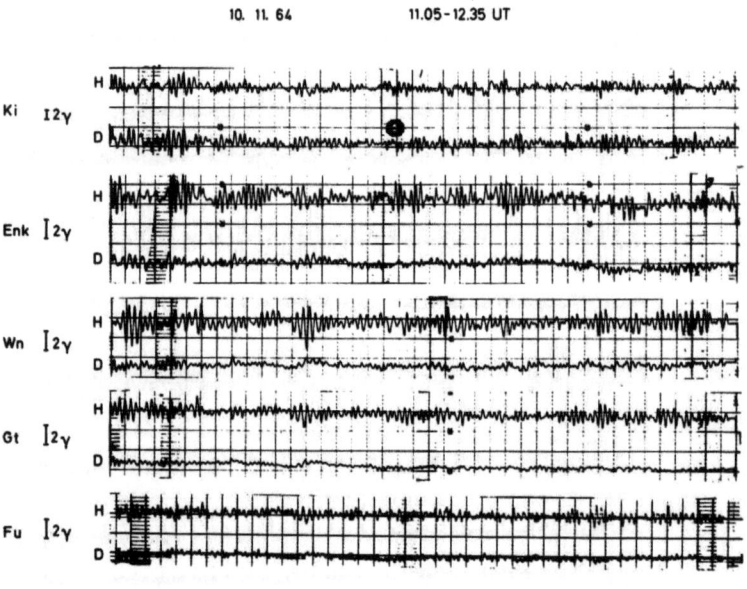

Abb. 68

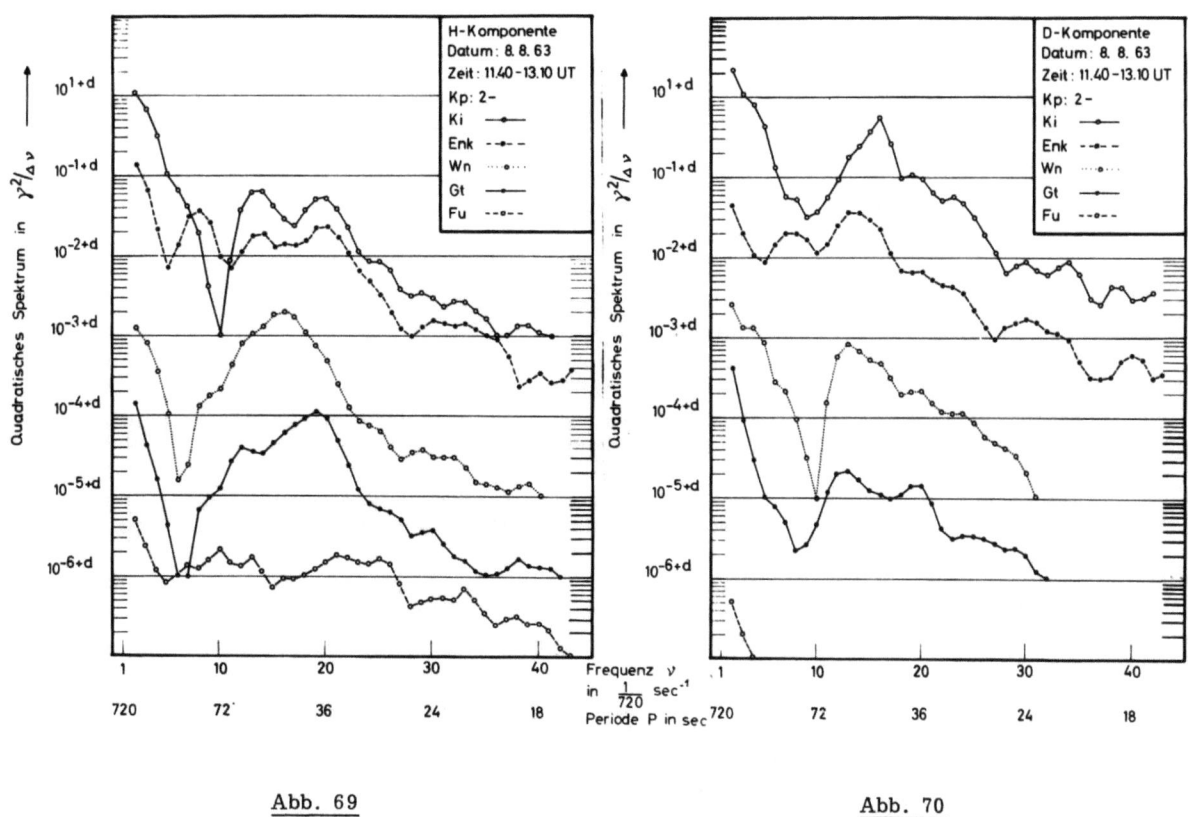

Abb. 69   Abb. 70

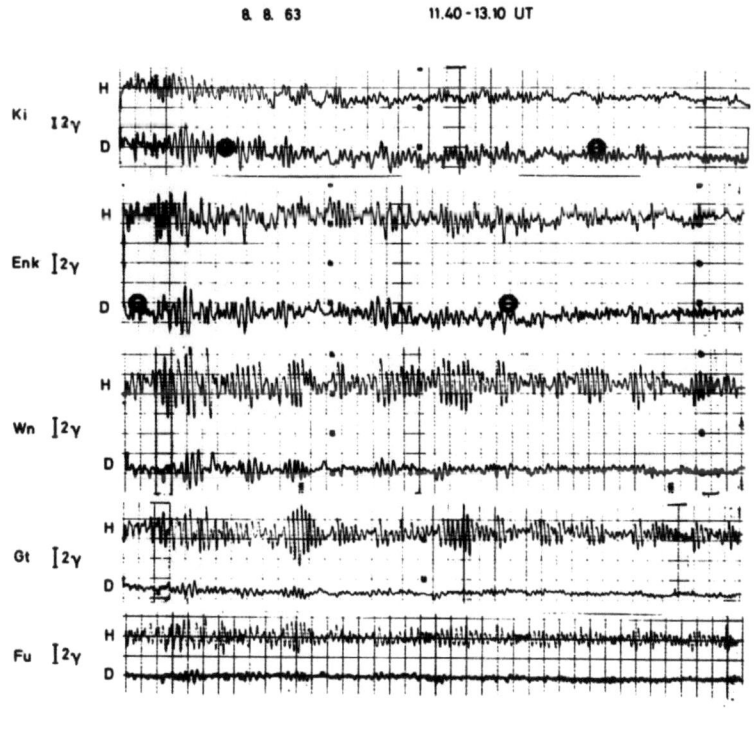

Abb. 71

Literaturverzeichnis

ALLCOCK, G. McK.: The electron density distribution in the outer ionosphere derived from whistler-data. - J. Atmosph. Terr. Phys. 14, 185-199, (1959).

BLACKMAN, R.B. and J.W. TUKEY:
The Measurement of Power Spectra, Dover Publications, Inc., New York, (1958).

CARPENTER, D.L.: Whistler evidence of a "knee" in the magnetospheric ionization density profile. - J. Geophys. Res. 68, 1675-1682, (1963).

COLLATZ, L.: Eigenwertprobleme und ihre numerische Behandlung, Chelsea Publishing Comp., New York, (1956).

MAEDA, K. and I. KIMURA: A theoretical investigation on the propagation path of the whistling atmospherics. - Rep. Ionosph. Res. Japan 10, 105-123, (1956).

MÜNCH, J.: Das Auftreten von Pulsationen des erdmagnetischen Feldes in Abhängigkeit von der erdmagnetischen Aktivität. - Z. Geophys. 31, 192-199, (1965).

SIEBERT, M.: Zur Theorie erdmagnetischer Pulsationen mit breitenabhängigen Perioden. - Mitteilungen Max-Planck-Inst. Aeronomie Nr. 21, (1965).

SMITH, R.L. and R.A. HELLIWELL:
Electron densities to 5 earth radii deduced from nose whistlers. - J. Geophys. Res. 65, 2583, (1960).

STUMPFF, K.: Grundlagen und Methoden der Periodenforschung. - J. Springer Verlag, Berlin, (1937).

VOELKER, H.: Zur Breitenabhängigkeit erdmagnetischer Pulsationen. - Mitteilungen Max-Planck-Inst. Aeronomie Nr. 11, (1963).

VOELKER, H.: Göttinger Untersuchungen über erdmagnetische Pulsationen und ihre Beziehungen zur Magnetosphäre. - Kleinheubacher Berichte Nr. 10, 1-7, FTZ Darmstadt, (1965).

WEGNER, O.: Statistische Frequenzanalyse geomagnetischer Variationen. - Dissertation an der nat.-phil. Fakultät der TH Braunschweig, (1965).

ZÜRN, V.: Statistische Untersuchungen über langperiodische Pulsationen des erdmagnetischen Feldes. - Z. Geophys., Sonderheft, 448-454, (1966).

Verzeichnis der Mitteilungen aus dem Max-Planck-Institut für Physik der Stratosphäre

Nr. 1/1953 Über den Beitrag der von μ-Mesonen angestoßenen Elektronen zu den Ultrastrahlungsschauern unter Blei. G. Pfotzer

Nr. 2/1954 Ein Zählrohrkoinzidenzgerät zur Registrierung der kosmischen Ultrastrahlung. A. Ehmert

Eine einfache Methode zur Einstellung und Fixierung des Expansionsverhältnisses von Nebelkammern. G. Pfotzer

Nr. 3/1954 Optische Interferenzen an dünnen, bei $-190^0 C$ kondensierten Eisschichten. Erich Regener (vergriffen)

Nr. 4/1955 Über die Messung der Temperatur des atmosphärischen Ozons mit Hilfe der Huggins-Banden. H. Zschörner und H. K. Paetzold

Nr. 5/1956 Ein neuer Ausbruch solarer Ultrastrahlung am 23. Februar 1956. A. Ehmert und G. Pfotzer, vergriffen (erschienen Z. Naturforschung 11a, 322, 1956)

Nr. 6/1956 Das Abklingen der solaren Ultrastrahlung beim Ausbruch am 23. Februar 1956 und die geomagnetischen Einfallsbedingungen. A. Ehmert und G. Pfotzer

Nr. 7/1956 Die Impulsverteilung der solaren Ultrastrahlung in der Abklingphase des Strahlungseinbruches am 23. Februar 1956. G. Pfotzer

Nr. 8/1956 Die atmosphärischen Störungen und ihre Anwendung zur Untersuchung der unteren Ionosphäre. K. Revellio

Nr. 9/1956 Solare Ultrastrahlung als Sonde für das Magnetfeld der Erde in großer Entfernung. G. Pfotzer

*

Die vorstehenden Hefte können beim Max-Planck-Institut für Aeronomie, 3411 Lindau angefordert werden.

Mitteilungen aus dem Max-Planck-Institut für Aeronomie

Nr. 1 (S) 1959 Waibel: Messungen von Primärteilchen der kosmischen Strahlung.

Nr. 2 (S) 1959 Erbe: Auswirkung der Variationen der primären kosmischen Strahlung auf die Mesonen- und Nukleonenkomponente am Erdboden.

Nr. 3 (I) 1960 Kohl: Bewegung der F-Schicht der Ionosphäre bei erdmagnetischen Bai-Störungen.

Nr. 4 (I) 1960 Becker: Tables of ordinary and extraordinary refractive indices, group refractive indices and $h'_{o,x}(f)$-curves or standard ionospheric layer models.

Nr. 5 (S) 1961 Schröpl: Über eine Neubestimmung des Absorptionskoeffizienten von Ozon im Ultraviolett bei kleinen Konzentrationen.

Nr. 6 (S) 1961 Erbe: Ergebnisse der Ballonaufstiege zur Messung der kosmischen Strahlung in Weissenau und Lindau.

Nr. 7 (S) 1962 Meyer: Elektromagnetische Induktion eines vertikalen magnetischen Dipols über einem leitenden homogenen Halbraum.

Nr. 8 (I u. S) 1962 Dieminger und Mitarb.: Die geophysikalischen Ereignisse des 12. - 14. November 1960.

Nr. 9 (S) 1962 Pfotzer, Ehmert, and Keppler: Time Pattern of Ionizing Radiation in Balloon Altitudes in High Latitudes. Part A, Text; Part B, Figures and Diagrams.

Nr. 10 (S) 1963 Waibel: Eine Ballonsonde zur Messung von Röntgenstrahlung und solarer Ultrastrahlung.

Nr. 11 (S) 1963 Voelker: Zur Breitenabhängigkeit erdmagnetischer Pulsationen.

Nr. 12 (S) 1963 Jaeschke: Registrierung von Pulsationen im südlichen Niedersachsen als Beitrag zur erdmagnetischen Tiefensondierung.

Nr. 13 (S) 1963 Meyer: Elektromagnetische Induktion in einem leitenden homogenen Zylinder durch äußere magnetische und elektrische Wechselfelder.

Nr. 14 (S) 1964 Kremser: Über den Zusammenhang zwischen Röntgenstrahlungs-Ausbrüchen in der Polarlichtzone und bayartigen erdmagnetischen Störungen.

Nr. 15 (S) 1964 Keppler: Messung von Röntgenstrahlung und solaren Protonen mit Ballongeräten in der Nordlichtzone.

Nr. 16 (S) 1964 Kirsch: Die Anisotropien der kosmischen Strahlung.

Nr. 17 (S) 1964 Guilino: Ausbau eines Wechsellichtmonochromators und seine Anwendung zur Messung des Luftleuchtens während der Dämmerung und in der Nacht.

Nr. 18 (S) 1965 Pfotzer and Ehmert: Measurements of High Energetic Auroral Radiations with Balloon-Borne Detectors in 1962 and 1963 Part A to C, Text; Part D, Figures and Diagrams.

Nr. 19 (I) 1965 Hartmann: Bestimmung wichtiger Satellitenpositionen mit Hilfe graphischer Darstellungen.

Nr. 20 (S) 1965 Keppler: Über die Eigenschaften von Zählrohren und Ionisationskammern in verschiedenartigen Strahlungsfeldern. - Zur Interpretation von Röntgenstrahlungsmessungen in Ballonhöhe in der Nordlichtzone.

Nr. 21 (S) 1965 Siebert: Zur Theorie erdmagnetischer Pulsationen mit breitenabhängigen Perioden.

Nr. 22 (S) 1965 Meyer: Zur 27 täglichen Wiederholungsneigung der erdmagnetischen Aktivität, erschlossen aus den täglichen Charakterzahlen C 8 von 1884-1964.

Nr. 23 (S) 1965 Frisius: Über die Bestimmung von Längstwellen - Ausbreitungsparametern aus Feldstärkemessungen am Erdboden.

Nr. 24 (I) 1965 Ma: Einfluß der erdmagnetischen Unruhe auf den brauchbaren Frequenzbereich im Kurzwellen-Weitverkehr am Rande der Nordlichtzone.

Nr. 25 (S) 1965 Kremser, Keppler, Bewersdorff, Saeger, Ehmert, Pfotzer, Riedler, Legrand: X - Ray Measurements in the Auroral Zone from July to October 1964.

Nr. 26 (I) 1966 Stubbe: Theoretische Beschreibung des Verhaltens der nächtlichen F - Schicht.

Nr. 27 (S) 1966 Wilhelm: Registrierung und Analyse erdmagnetischer Pulsationen der Polarlichtzone, sowie ein Vergleich mit Bremsstrahlungsmessungen.

Nr. 28 (S) 1967 Fabian: Über eine neue Ozonradiosonde und Untersuchung von Lufttransporten in der unteren Stratosphäre.

Nr. 29 (S) 1967 Specht: Über die Absorptions und Emissionsstrahlung der atmosphärischen Ozonschicht bei der Wellenlänge 9,6 μ.

Nr. 30 (I) 1967 Rose und Widdel: Ein Meßgerät zur Bestimmung der Strömungsgeschwindigkeit in kurzen Rohren (Ionenzählern) bei niedrigem Gasdruck.

Nr. 31 (I) 1967 Hartmann: Die Amplitudenregistrierungen des Satelliten Explorer 22, unter besonderer Berücksichtigung der Effekte, die bei Elevationswinkeln kleiner als 45° auftreten.

Nr. 32 (I) 1967 Rüster: Lösung von Bewegungsgleichungen und Kontinuitätsgleichung der F - Schicht mit speziellen Anwendungen auf erdmagnetische Baistörungen.

Nr. 33 (S) 1968 Müller: Zur Modulation der kosmischen Strahlung.

If you have any concerns about our products,
you can contact us on
ProductSafety@springernature.com

In case Publisher is established outside the EU,
the EU authorized representative is:
**Springer Nature Customer Service Center GmbH
Europaplatz 3, 69115 Heidelberg, Germany**

Printed by Libri Plureos GmbH
in Hamburg, Germany